PAR

Le Dr FRÉDÉRIC GALÈS

1861

CHRONIQUES AGRICOLES

PAR

Le Dʳ FRÉDÉRIC CAZALIS

Membre de la Société centrale d'agriculture de l'Hérault et de la Société d'agriculture, industrie, sciences et arts de la Lozère; membre correspondant des Sociétés d'agriculture de Vaucluse, de l'Aveyron, de la Charente, de Poligny, de la Société industrielle d'Angers, du Comice agricole d'Alais, de la Société Linnéenne de Bordeaux, etc., etc.

(Extraites du MESSAGER DU MIDI)

Deuxième fascicule.

MONTPELLIER

GRAS, IMPRIMEUR-LIBRAIRE

—

1860
1861

CHRONIQUES AGRICOLES

I

« Les fruits, lorsqu'on les mange bien mûrs et sans excès, ne peuvent être que salutaires; mais ceux qui, sans quitter les frontières de la France, se déplacent à d'assez grandes distances du Nord au Midi, doivent être prévenus que les fruits du Midi, mangés à l'état frais, peuvent leur nuire sensiblement. Ainsi le Parisien, accoutumé à manger sans danger, pour ainsi dire à discrétion, des figues d'Argenteuil et du chasselas de Fontainebleau, s'il va dans le Var, ne devra user de ces fruits qu'avec une grande réserve. Pour peu qu'il en abuse, les figues du Midi lui donneront des fièvres intermittentes ; le raisin le grisera comme s'il avait bu de l'eau-de-vie à plein verre, et lui donnera ensuite la dyssenterie. »

Ces quelques lignes, que je n'invente pas, cher lecteur, veuillez le croire, sont extraites mot à mot d'un article que M. Ysabeau vient de publier dans le *Nouveau Journal des connaissances utiles*. Vous m'avouerez qu'on serait en droit de contester son titre à ce journal, s'il donnait souvent place dans ses colonnes à des assertions aussi erronées que celles que nous venons de citer. Les figues du Var donnent des fièvres intermittentes ! Le raisin du Midi grise comme l'eau-de-vie ! *Risum teneatis, amici*. On peut manger sans danger, pour ainsi dire à discrétion, des figues d'Argenteuil, c'est M. Ysabeau qui l'affirme ; et M. Ysabeau n'est pas seulement un agronome distingué, c'est encore, chose plus grave, un docteur en médecine. Nous pensons que cette sorte de réclame en faveur des figues d'Argenteuil ne convaincra personne de la bonté de ces fruits, et nous ne sommes nullement tenté, pour notre compte, d'en manger à discrétion, pour vérifier l'assertion de M. Ysabeau au sujet de leur prétendue innocuité.

> Quant aux figues du Var, on ne s'attendait guère
> À voir la fièvre en cette affaire.

Que MM. les Parisiens se rassurent néanmoins. Les excellentes figues de tout le midi de la France ont été évidemment calomniées ; elles sont aussi incapables de donner la fièvre tierce ou la quarte, que nos raisins de procurer l'ivresse et la dyssenterie. Nous avons chaque année une foule de montagnards ou de montagnardes qui viennent faire les vendanges dans nos pays, et, bien que les montagnes d'où ils descendent aient un climat bien plus rigoureux que celui de Paris, ils mangent impunément des figues, des raisins, sans que les fièvres intermittentes ou l'ivresse soient jamais le résultat de l'ingestion de ces fruits dans leur estomac. Nos raisins alimentent, du reste, depuis quelques années, le marché de Paris, et nous ne sachions pas qu'ils aient produit dans la population parisienne les fâcheux effets que M. Ysabeau leur attribue un peu légèrement. Quant à la dyssenterie, je ne crois pas trop m'avancer en affirmant que les figues et les raisins du Midi ne procureront jamais cette maladie qu'aux personnes qui en mangeraient avec excès, et nous pensons qu'on risquerait beaucoup plus de payer ce triste tribut à la nature humaine si l'on mangeait des figues d'Argenteuil, et surtout si on les arrosait avec le vin du crû, malheureusement trop célèbre, de ce pays. Qu'on nous pardonne d'avoir insisté un peu trop longuement sur ce sujet. Il aurait suffi de citer les paroles de M. Ysabeau pour que nos lecteurs fissent eux-mêmes justice des opinions erronées qu'elles contiennent.

La Société d'agriculture, sciences et arts de la Charente a eu, au mois d'août dernier, un brillant concours agricole, dont nous avons lu le compte rendu avec le plus vif intérêt. Nous avons remarqué une heureuse innovation, qui mériterait d'être adoptée par toutes les sociétés d'agriculture. Les prix décernés pour le concours de charrues ne consistaient pas, comme cela se pratique habituellement, en sommes d'argent, mais, ce qui est préférable, en instruments agricoles perfectionnés. Les huit prix, disputés en 1859 par vingt-quatre concurrents, étaient représentés par une charrue Dombasle modifiée, portant le nom de charrue de la Société d'agriculture, un tarare, un coupe-racines, une houe à cheval, une herse Valcourt, deux charrues vigneronnes et un sarcloir Rivaud. Cette manière ingénieuse de propager les bons instruments ne peut que contribuer aux progrès de l'agriculture.

Lorsque l'oïdium fit sa première apparition dans le département de l'Hérault, il exerça de si cruels ravages dans certains domaines qu'un grand nombre de propriétaires, prévoyant la destruction prochaine de leurs vignes, se décidèrent à les arracher. Avant que l'efficacité du soufrage contre l'oïdium fût bien constatée, il s'écoula trois ou quatre années, pendant lesquelles l'arrachage des vignes se fit dans d'assez grandes proportions. Ces craintes sont aujourd'hui complétement dissipées ; l'oïdium, qui devait causer notre ruine, n'a fait qu'accroître nos revenus par suite des hauts prix qu'ont obtenus les vins dans ces dernières années : aussi voyons-nous maintenant tous les propriétaires plus empressés que jamais à augmenter l'étendue de leurs vignobles, en procédant à de nouvelles plantations.

Nous ne saurions trop recommander le système de plantations de vignes en ligne, dit à la provençale, que l'on pourra du reste modifier suivant la qualité du terrain, en laissant des espaces plus ou moins grands entre les lignes. Nous nous sommes déjà occupé, dans une de nos précédentes chroniques, de la question si importante de l'espacement des ceps : il est résulté de la discussion à laquelle nous nous sommes livré à ce sujet que, si l'on peut sans inconvénients planter les ceps à 50 centimètres de distance en tous sens dans les pays humides du Nord, il faut laisser un espace beaucoup plus considérable dans nos vignobles du Midi, où la sécheresse règne constamment pendant la saison d'été. Dans les plantations en quinconces ou en losanges, il est utile de laisser entre les ceps une distance de 1 mètre 50 centimètres à 1 mètre 75 centimètres.

Il est évident qu'il doit y avoir pour chaque nature de terrain, sous un climat donné, un espacement quelconque qui est préférable à tout autre ; mais ce n'est guère qu'après de nombreuses expériences, continuées pendant un laps de temps considérable, qu'il sera possible à un propriétaire de résoudre cette question pour les terres de son domaine.

M. Cazalis-Allut a, dans sa propriété des Aresquiés, une qualité de terrain qui ne craint pas la sécheresse. Plusieurs de ses anciennes vignes sont plantées à 1 mètre 43 centimètres, tandis que d'autres, plus espacées, le sont à 1 mètre 65 centimètres. En comparant les produits de ses vignes, il a pu se convaincre que, pendant une période de vingt-six ans, les vignes les plus espacées avaient produit un sixième de moins de vin que celles qui étaient plantées plus rapprochées. On peut se rendre compte par cet exemple du préjudice notable que peut occasionner l'adoption d'un espacement des ceps qui ne serait pas en rapport avec la nature du terrain qu'on veut mettre en vignes.

Une autre question non moins importante, et que nous n'avons pas la prétention de traiter dans un court article de journal, est celle du choix des cépages. Plusieurs viticulteurs distingués ont établi à grands frais, sur leurs domaines, des collections de vignes plus ou moins nombreuses. Ils ont fait venir de tous les vignobles les plus renommés les cépages qui, dans chaque pays, produisaient les meilleurs vins, et qui passaient pour être les plus fertiles ; mais aucune de ces espèces n'a paru susceptible, jusqu'à présent, de pouvoir remplacer avec avantage les plants que nous cultivons depuis un temps immémorial dans notre département.

Il est des propriétaires qui se font une très-fausse idée sur certains cépages, et qui pensent qu'en changeant les espèces qu'ils ont dans leurs vignes ils pourront faire de bons vins de bouche au lieu des vins de chaudière qu'ils produisaient habituellement. On ne peut nier à coup sûr que certains plants ne donnent des vins de qualité supérieure, tandis que d'autres, plantés dans les mêmes conditions que les premiers, ne fourniraient que des vins médiocrés ; mais, néanmoins, on peut dire, d'une manière générale, que la nature du terrain a une plus grande influence sur la qualité des produits que le choix des cépages. Certains plants, tels que le muscat, le tokay, le cabernet-sauvignon, le fer-servadou, la syrha, communiquent, sans doute, aux vins qui en proviennent, un arôme tout particulier, qui est spécial à chacun d'eux ; mais encore faut-il, pour que ces cépages produisent des vins réellement remarquables, qu'ils ne soient pas plantés dans des terrains trop fertiles. Nous sommes persuadé qu'il est plus difficile de faire de très-bons vins avec les meilleurs cépages, dans les riches plaines de Lunel et de l'Hérault, que d'en faire de mauvais dans les terrains maigres et caillouteux, qui ne produisent que de 25 à 30 hectolitres de vin à l'hectare, quels que soient, d'ailleurs, les cépages dont ils sont complantés.

Comme le commerce tient essentiellement à trouver une belle couleur dans les vins, les propriétaires plantent de préférence les cépages qui produisent les vins les plus noirs. Parmi ces cépages, le mourastel tient le premier rang ; il est fâcheux seulement que ce plant ne réussisse que dans un petit nombre de localités. On peut le remplacer par le moulan ou brun-fourcat, auquel on donne aujourd'hui le nom de mourastel-flourat. Ce cépage est fertile ; le vin qu'il produit a une brillante couleur. Le mourastel-flourat, qui est à la mode aujourd'hui, n'est pas un cépage nouveau dans notre pays ; on le trouve dans toutes nos anciennes vignes ; mais, comme sa maturité est plus précoce que celle des plants du pays avec lesquels il se trouve associé, il arrivait qu'à l'époque des vendanges ce cépage avait perdu la plupart de ses fruits par excès de maturité. Cet inconvénient ne se produit plus quand on le plante seul ou avec l'aramon.

Nous croyons que les propriétaires qui ont de nouvelles plantations à faire devront étudier, dans leurs propres vignes, les cépages qui y réussissent le mieux , afin de n'en propager que les espèces fertiles. S'ils ne cherchent qu'à faire des vins noirs, ils les vendront plus cher assurément; mais feront-ils autant de recettes s'ils obtiennent des produits moins considérables? La vigne est placée, dans le Midi, dans les conditions les plus favorables pour produire de bons vins presque partout ; il faut seulement se bien pénétrer de ces principes, que M. Cazalis-Allut est parvenu à vulgariser, que les raisins ne doivent pas être vendangés trop mûrs. Un vin vert s'améliore constamment à mesure qu'il vieillit, tandis qu'un vin fait avec des raisins trop mûrs se dépouille difficilement et a les plus grandes chances de tourner à l'acide.

Un grand nombre de propriétaires sont encore dans l'usage de plâtrer leurs vendanges ; ils se figurent que l'emploi de cette substance contribue à la conservation des vins. Ce qui se passe cette année devrait pourtant les éclairer sur cette prétendue propriété du plâtre. Dans l'arrondissement de Montpellier, où le plâtrage ne se fait qu'exceptionnellement, les vins de 1859 paraissent devoir faire une bonne fin, tandis que dans les environs de Béziers, où tout le monde plâtre, plusieurs parties de vins ont déjà tourné à l'aigre. L'explication de ce fait est tout en dehors du plâtrage. Si les vins se conservent mieux à Montpellier, c'est que dans cet arrondissement les vendanges se font beaucoup plus tôt qu'à Béziers. Nous reviendrons une autre fois sur cette question si importante de l'époque la plus convenable pour vendanger dans le Midi.

Cette petite digression nous a entraîné un peu loin. Revenons aux cépages, et, quoiqu'il soit bien difficile d'établir *à priori* quels sont ceux qui conviennent le mieux à chaque nature de terrain, reproduisons ici les indications que donne à ce sujet M. Cazalis-Allut, dans son Mémoire sur les plantations de vignes dans le département de l'Hérault.

« L'aramon, si renommé par sa fertilité, s'accommode de presque tous les sols. Il faut pourtant s'abstenir de le planter dans les terres froides et humides, et dans celles qui sont peu fertiles ou trop sèches. Dans les terres froides et humides, la récolte se réduirait beaucoup par l'effet des gelées blanches et de la pourriture ; dans les terres peu fertiles et sèches, les produits seraient peu considérables les premières années, et bientôt les ceps se rabougriraient à tel point qu'ils ne produiraient presque rien.

» Le terret-bourret est destiné aux terres les plus froides ; il y donne de grands produits. Tous les autres sols lui conviennent quand il est jeune ; mais, dans certains, il meurt beaucoup de ceps quand ils arrivent à douze ou quinze ans. Il m'est impossible de préciser la nature des terrains dans lequels se manifeste ce grave inconvénient. Dans ma propriété, la mortalité est grande dans une terre forte, blanchâtre, dont le sous-sol est une terre marneuse.

» Le carignan aime les terres fortes, un peu élevées. Dans les bas-fonds, il perd annuellement des coursons, et, dès qu'on l'éloigne du littoral, il est plus exposé à la coulure. Il réussit également dans certaines terres légères, mais de bonne qualité.

» Le mourastel prospère surtout dans les terres fortes et argileuses ;

» Le mourvèdre, dans les grès et dans certains sols peu fertiles ;

» Le cinqsaou et l'œillade, dans les petits grès, dans les terres fortes blanchâtres, et même dans les terres légères, d'un gris foncé ;

» Le grenache, dans les terres fortes et rouges, dans certaines terres grisâtres, légères, bien substantielles et à l'abri de l'humidité. Je l'ai vu prospérer assez bien dans des sols qui se trouvaient au bord de l'étang et que l'on croyait légèrement salés.

» Le piquepoul gris et le noir donnent encore un certain produit dans les plus mauvais sols, pourvu cependant que ces sols ne craignent pas trop la sécheresse.

» Le calitor, remarquable dans tous les terrains par sa grande fertilité, lorsqu'il est vieux et cultivé en souches éparses, produit, au contraire, si peu quand il est cultivé seul, que, dans une vigne plantée en entier de ce cépage en 1827, je n'ai pas encore obtenu 25 hectolitres de vin par hectare, tandis qu'à côté, dans un sol pareil, une vigne d'aramon, du même âge, produit terme moyen, depuis treize ans, plus de 50 hectolitres.

» Le chasselas réussit dans tous les terrains où je l'ai cultivé ou vu cultiver jusqu'à présent.

» Enfin les cépages nommés plants du pays (1) doivent être plantés de préférence dans les sols médiocres, où ils prospèrent mieux que tous les autres. Leur adoption avait probablement eu

---

(1) Les cépages nommés *plants du pays*, à cause de l'ancienneté de leur culture, sont généralement cultivés à St-Georges, à St-Christol, à Langlade et dans d'autres crus qui font nos vins de table les plus distingués. Le terret noir forme la base de ces vignobles, mais on y cultive en même temps, en plus ou moins grande quantité, l'œillade blanche et surtout la noire,

lieu à la suite de nombreux essais qui avaient constaté leur mérite dans de pareils sols, jadis presque les seuls cultivés en vignes.

» Les terres blanches étant celles qui donnent les vins les plus doux, on y plante de préférence les clairettes destinées à faire le picardan.

» Dans les mêmes terres, les muscats sont aussi plus liquoreux.

La culture des plants du pays s'est beaucoup restreinte et tend chaque jour à se réduire, parce qu'ils ne produisent pas le vin noir que le commerce recherche. Les inconvénients pourraient être atténués en mélangeant dans les plantations environ un quart de mourastel ou de carignan : ce dernier cépage, qui coule ou charbonne si souvent dans certaines localités, lorsqu'il est planté seul, réussit mieux quand on le cultive en souches éparses. »

Plusieurs abonnés du *Messager du Midi* ont eu l'extrême obligeance de nous écrire pour nous prier de donner plus d'importance à la partie agricole de ce journal, en faisant paraître nos chroniques à des intervalles plus rapprochés. Ce n'était pas à nous que ces demandes devaient être adressées, mais bien à la direction du *Messager*, et celle-ci, pour des raisons faciles à com-

---

l'épiran, le charge-mulet, le piquepoul noir, quelques plants de clairette et de calitor, et enfin plusieurs autres variétés, parmi lesquelles on peut citer : le mourvèdre, le moulan ou brun-fourcat (*mourastel flourat)* et le terret-mouraou. Ces deux derniers cépages peuvent être aussi mélangés dans les vignes qui donnent des vins noirs, à cause de l'intensité de leur couleur.

prendre, n'aurait pas pu, du reste, les accueillir favorablement. Les bienveillantes démarches de ces abonnés nous paraissent indiquer que le goût de l'agriculture se répand de plus en plus dans les masses. Aussi nous sommes-nous décidé à fonder un journal spécial d'agriculture, qui paraîtra régulièrement une fois par mois, sous le titre de : MESSAGER AGRICOLE, *Revue des associations et des intérêts agricoles du Midi*. Le titre de cette feuille indique suffisamment le but que nous nous proposons. Nous voulons créer un organe sérieux des intérêts agricoles du Midi, et nous nous adressons, pour assurer le succès de notre œuvre, à toutes les Sociétés d'agriculture, à tous les cultivateurs du Midi, qui sont animés, comme nous, du vif désir de substituer le progrès à la routine. Nous comptons sur la collaboration active des agronomes les plus distingués de nos départements méridionaux, et nous espérons que, grâce à leur concours éclairé, il nous sera possible de fonder d'une manière durable une feuille agricole, dont l'utilité ne saurait être contestée. Puisse le titre que nous avons choisi porter bonheur à notre journal, en lui assurant, dans un avenir prochain, un nombre de souscripteurs aussi considérable que celui de son homonyme de la presse politique!

15 janvier 1860.

II.

SOMMAIRE

Études sur les maladies actuelles des vers à soie, par
M. de Quatrefages. — Nécessité de faire de petites
éducations pour graine. — Des éducations précoces ;
lettre de M. Ed. Meritan, directeur des ateliers pour
les éducations précoces à Cavaillon (Vaucluse). —
Voyage, dans les Indes et en Chine, de MM. les comtes
Castellani et Freschi, pour faire de bonne graine ;
circulaire de M. le comte Castellani à ses commettants. — Souscription ouverte par M. Antonio Rossini, de Novarre, pour faire connaître un nouveau
procédé d'étouffement à froid des cocons.

Nous ne nous occuperons aujourd'hui que de
sériciculture. C'est donc aux travaux importants
de M. de Quatrefages, membre de l'Institut, que
nous devrions accorder la place d'honneur en
tête de cette chronique ; mais, le *Messager du
Midi* ayant déjà fait connaître l'analyse que l'auteur a donnée lui-même de son dernier ouvrage,
intitulé : *Etudes sur les maladies actuelles du
ver à soie* (1), nous ne nous permettrons pas de
refaire ce travail. Toutefois, comme il est des
choses qu'on ne se dit pas à soi-même, M. de
Quatrefages n'a pas pu faire l'éloge de son livre,

____

(1) Cet ouvrage, qui forme un volume in-4°, avec six
planches coloriées, se trouve à la librairie de Victor
Masson, à Paris. — Prix, 16 fr.

et c'est à nous de constater que cette œuvre remarquable contient la monographie la plus savante, la plus minutieuse et la plus approfondie qui ait encore été faite de la maladie actuelle des vers à soie. Si l'honorable membre de l'Institut n'a pas encore découvert un spécifique contre la *pébrine* aussi efficace que le soufre contre l'oïdium, il faut espérer que, en poursuivant le cours de ses études et de ses recherches, il lui sera peut-être donné d'atteindre un but si désirable. M. de Quatrefages n'a encore publié que les observations qu'il avait faites en 1858; celles de l'année courante paraîtront prochainement, et nous en rendrons compte dès qu'elles nous seront parvenues.

Depuis plusieurs années que la pébrine exerce ses cruels ravages dans toutes les contrées séricicoles de l'Europe, il a été impossible, sauf de très-rares exceptions, de confectionner de bonnes graines dans les pays infectés. Il a donc fallu recourir à l'importation des graines étrangères; mais cette suprême ressource pourrait finir par nous faire défaut, car la pébrine envahit successivement les contrées les plus lointaines qui étaient restées jusqu'à présent en dehors de la contagion. Il faut donc chercher avant tout à refaire, si c'est possible, de bonnes graines avec nos propres cocons. Le *Messager agricole* a publié récemment un excellent article de M. Henri Marès, qui faisait connaître les procédés ingénieux employés dans ce but par M. Mitifiot, ancien maire de Loriol. Nous devons encourager de nos vœux de semblables tentatives et engager tous les sériciculteurs à faire cette année de petites éducations pour graine. Ces éducations, qui auront d'autant plus de chances de succès

qu'elles seront faites d'ailleurs sur une plus petite échelle, seront soumises à des règles parti-
culières, que M. de Quatrefages a tracées lui-
même avec un soin minutieux. Dans une lettre
que cet honorable membre de l'Institut vient
d'adresser au rédacteur en chef de la *Revue séricicole*, nous avons remarqué le passage suivant :
« Que chaque sériciculteur fasse donc sa petite
éducation de cinq à dix grammes ; *plus elle sera
petite, plus elle mettra de chances de son côté.*
Qu'il élève ses vers à la turque, avec des ra-
meaux de sauvageons ; qu'il ne chauffe pas trop,
qu'il aère le plus possible, et j'ai la ferme con-
viction que dès l'an prochain nous suffirons, à
peu de chose près, à notre consommation en
graines. »

Puissent ces espérances se réaliser ! L'industrie séricicole sera gravement compromise tant
qu'on ne sera pas parvenu à régénérer les graines du pays.

Nous avons déjà parlé, l'année dernière, dans
une de nos Chroniques agricoles, de l'établissement de MM. Jouve, Chabaud et Méritan, de Cavaillon, où se faisaient des éducations précoces
de vers à soie. En mettant, au mois de janvier,
un certain nombre de mûriers sous des serres
volantes, on avançait de beaucoup la végétation
de ces arbres, et il devenait dès lors possible de
faire un certain nombre de petites éducations et
d'en connaître les résultats longtemps avant
l'époque habituelle de la campagne séricicole.
Grâce à cet établissement, dont l'utilité ne
saurait être contestée, chaque éducateur peut

s'assurer à l'avance du mérite de ses graines. La chambre de commerce de Lyon avait compris toute l'importance de ces éducations précoces, et, pour encourager les premiers essais de MM. Jouve, Chabaud et Méritan, elle avait mis à la disposition de ces messieurs une somme de 20,000 fr.

Le comice agricole du Vigan a apprécié, à son tour, les avantages que pouvaient offrir aux sériciculteurs de semblables établissements (1), et il s'est décidé à faire faire, cette année, des éducations précoces à St-Hippolyte-du-Fort. Nous accueillerons avec intérêt les renseignements qui pourront nous être fournis par les directeurs de ces divers établissements sur les résultats de leurs essais. Nous allons reproduire, en attendant ces documents, la lettre qui a été adressée à M. le directeur la *Revue d'économie rurale*, par M. Ed. Méritan, sériciculteur et directeur des ateliers pour les éducations précoces de Cavaillon (Vaucluse) :

« Cavaillon. 29 janvier 1860.

» L'on a cherché bien souvent à jeter du discrédit sur nos éducations précoces de vers à soie. On a nié l'efficacité du contrôle que nous pouvions exercer, et l'argument que l'on a cru nous opposer le plus victorieusement, c'est que nos expériences ne seraient jamais assez précoces pour nous permettre de donner en temps opportun des indications qui pussent guider les éducateurs dans le choix de leurs graines.

---

(1) M. Hilarion Meynard a fait également à Valréas des éducations précoces.

» Nous ne relèverons pas les plaisanteries de mauvais goût, les insinuations malveillantes, ni les calomnies que l'on s'est plu à nous prodiguer. Il y a telles attaques qui honorent ceux qui en sont l'objet; nous n'aimons pas, d'ailleurs, à descendre dans l'arène de la polémique, car, à notre avis, dans ces luttes sans dignité et sans profit pour la science, le vainqueur sort toujours un peu meurtri.

» Notre meilleure réponse, c'est de mieux faire que ceux qui nous attaquent; c'est d'opposer la logique des faits à la logique des paroles. Aussi, forts de l'approbation des hommes d'élite qui daignent s'intéresser à notre œuvre, forts de la confiance que nous accordent le grand nombre d'éducateurs qui viennent nous demander des conseils ou s'inspirer auprès de nous pour le choix des œufs qu'ils veulent élever, avons-nous donné, cette année, une impulsion nouvelle à nos expériences; et, loin de restreindre notre cadre, l'avons-nous élargi pour donner satisfaction aux nombreuses demandes qui nous ont été adressées et qui nous arrivent encore tous les jours.

» Tous nos échantillons représentent des lots importants, que nous avons scellés pour en reconnaître l'identité, ou que l'on nous a adressés directement, et que nous avons en dépôt. Ces lots ne s'élèvent pas à moins de dix mille kilos : ils feront l'objet de nos deux premières séries ; la troisième sera exclusivement réservée à l'étude du grainage local.

» Nous sommes heureux d'annoncer aux éducateurs et aux marchands de graines qui nous ont confié l'expérimentation de leurs produits que l'éclosion de notre première série vient de s'opérer d'une manière très-régulière, et que les vers d'une vingtaine d'échantillons, favorisés par un temps convenable, ont déjà accompli leur deuxième mue.

»La végétation de nos mûriers ne laisse rien à désirer. Par des divisions que nous avons faites dans nos serres, les vers de nos trois séries auront constamment de la feuille tout à fait en rapport avec leur âge ; c'est ainsi qu'à côté des arbres qui sont en pleine végétation, nous en avons qui entr'ouvrent à peine leurs bourgeons, et d'autres où le travail de la sève qui monte se fait à peine sentir.

» Nous avons voulu, par toutes ces mesures, mettre nos éducations précoces dans un état qui se rapproche le plus de nos éducations ordinaires. Tout le problème consiste à suivre la nature, qui donne à l'insecte à peine éclos une nourriture en rapport avec la faiblesse de ses organes, tandis qu'elle réserve à l'adulte des feuilles plus substantielles, qui doivent lui donner la force d'accomplir ses diverses transformations.

» Quoique nous puissions préciser déjà une différence sensible dans la marche de nos essais, nous nous bornons aujourd'hui à constater les résultats matériels que nous avons obtenus, nous réservant d'être plus explicites dans une prochaine communication.

» ED. MERITAN,

» *Sériciculteur et directeur des ateliers pour les éducations précoces, à Cavaillon (Vaucluse).* »

Nos lecteurs ont sans doute entendu parler de la mission qui avait été confiée à MM. les comtes Castellani et Freschi par S. A. I. l'archiduc Frédéric-Maximilien d'Autriche, pour aller faire en Chine de la graine de vers à soie avec des races qui n'auraient pas été atteintes de la gattine. Les deux intrépides voyageurs ont affronté les plus grands périls pour remplir dignement leur honorable mission, et si M. le comte Freschi, qui s'était dirigé vers les Indes, a rencontré la maladie des vers à soie dans tous les pays qu'il a parcourus, M. le comte Castellani a été plus heureux en Chine et il a pu rapporter de la province de Hou-Tcheou-Fou d'excellentes graines, qui provenaient toutes de papillons sains et vigoureux. Le journal *il Bacofilo italiano* vient de publier, dans son dernier numéro, la circulaire que M. le comte Castellani vient d'adresser à ses commettants, pour leur annoncer la réussite de ses opérations. Nous allons donner la traduction de cette circulaire, qui renferme des détails pleins d'intérêt.

Circulaire de M. le comte Castellani à ses commettants.

« Monsieur,

» Étant de retour depuis quelques jours de mon voyage dans l'intérieur de la Chine, je me hâte de vous donner quelques détails sur l'entreprise à 'aquelle vous avez coopéré en m'accordant votre confiance et en me fournissant les moyens nécessaires pour la réaliser. Vous avez déjà appris que, M. le comte Freschi ayant déclaré qu'il avait découvert la maladie dans les Indes, je me suis trouvé seul chargé de conduire l'entreprise à bonne fin.

» Les lettres que je vous ai adressées de Hou-Tcheou-Fou vous ont appris également que j'avais porté tous mes soins à étudier la manière dont se fait l'éducation des vers à soie dans l'intérieur de l'empire chinois, et que cette étude m'avait fait concevoir de belles espérances pour la production de la graine.

» L'expérience m'a convaincu que les vers provenant d'une graine chinoise doivent être élevés par les méthodes chinoises, et je suis sur le point de publier le résultat de mes études et de ce que, le premier des Européens, j'ai vu personnellement sur les lieux. Mes observations seront publiées au plus tard dans le courant du mois de mars.

» Secondé par les missions catholiques avec un amour et une générosité sans pareilles, j'ai pu faire faire toutes mes graines par des catholiques chinois, sous la surveillance directe des catéchistes, des missionnaires et du vicaire apostolique du Tche-Kiang. J'ai surveillé également par moi-même les opérations, autant que cela m'a été possible. Je n'ai découvert aucun indice d'atrophie ni dans les vers à soie, ni dans les papillons, ce qui m'a consolé de toutes les privations et de tous les périls auxquels j'ai été exposé pour atteindre le but que je m'étais proposé.

» A mon retour à Sanghaï, le vicaire apostolique m'a écrit pour me féliciter de l'excellente qualité des graines que j'avais obtenues, lesquelles proviennent de Tsien-King et de Jeu-Hang, dans la province de Hou-Tcheou-Fou, c'est-à-dire dans les localités les plus renommées en Chine pour la production de la soie. Ce digne prélat ajoutait : «De plus, la Providence vous a, »monsieur, ménagé cette bonne fortune, que les »cocons de cette année ont été généralement ma-»gnifiques en notre pays, ainsi que vous avez pu »le constater par vos propres yeux....

»Tout donc semble conspirer pour que votre »opération soit couronnée du succès le plus heu-»reux. Que Dieu daigne m'exaucer, et il en sera »ainsi. Oui, je prie de tout cœur celui qui a créé »toute âme vivante, *et omne volatile juxta genus* »*suum;* je le prie de répandre sur chacune de vos »feuilles la bénédiction qui multiplie : *crescite et* »*multiplicamini.* Il s'agit d'une bonne œuvre : im-»possible que mes vœux ne soient pas entendus.»

»Il ne me restait donc plus qu'à surmonter les difficultés du transport, et, quoique j'eusse con-fiance dans les essais que j'avais déjà faits, par un excès de prudence que vous approuverez sans doute, je me décidai à me pourvoir d'une quan-tité de graine supérieure à nos besoins, et je crus en outre convenable de ne pas aventurer toute cette graine dans une seule expédition. Je pris donc avec moi la quantité strictement nécessaire à mes commettants, et je pris les meilleures dis-positions pour que le reste de ma graine, qui était en dépôt chez une personne qui avait toute ma confiance, vînt me rejoindre, partie par la voie des Indes et partie par la voie de l'Amé-rique.

» Cette prudence, Monsieur, fut une bonne inspiration, car, à mon arrivée en Egypte, les agents de ce gouvernement m'empêchèrent de disposer des caisses qui renfermaient mes graines, afin de les ouvrir pour leur faire prendre l'air. Exposées trop longtemps à l'ardeur d'un soleil brûlant, les graines que j'avais avec moi fermentèrent et furent, en conséquence, perdues en majeure partie. Un jugement est intervenu, qui a prouvé que la chaleur excessive à laquelle avait été soumise ma graine avait été la cause de cette fermentation, puisque ce n'était qu'après mon arrivée à Suez que cet accident s'était produit. Je réclame maintenant au gouvernement des dommages pour la perte que m'ont occasionnée ses agents, et je ne pense pas qu'il soit possible de me les refuser.

» Heureusement, Monsieur, ce préjudice, résultant d'une force majeure, n'atteint que moi seul, puisque avec la graine que je portais avec moi et qui est arrivée en très-bon état, et avec celle des deux expéditions que j'attends, je suis parfaitement en mesure de remplir toutes mes obligations envers mes commettants et peut-être même d'en fournir à de nouveaux souscripteurs. Tout au plus, mais cela est de peu d'importance, serai-je obligé de retarder de quelques semaines la livraison que je devais effectuer dans les deux mois qui ont suivi mon retour.

» Tout en déplorant l'accident malheureux qu'a éprouvé une partie de mes graines, je suis heureux d'avoir la certitude que le but de mon long voyage sera atteint et que je n'aurai pas trompé les espérances que vous avez mises en moi.

» Une partie de la graine que j'ai apportée avec moi se trouve déjà à Milan, entre les mains de mon agent général, M. Pietro Longhi, et un échantillon de cette graine, qui est identique à celle que j'attends, sera envoyé par lui à tous les agents de la Lombardie, de la Vénétie et des autres États de l'Italie, afin que mes commettants soient à même d'en vérifier la qualité et la parfaite conservation.

» Les publications que je compte faire, et celles que fera aussi probablement M. le comte Freschi, vous mettront à même d'apprécier l'utilité que l'industrie séricicole pourra retirer de la noble confiance que vous nous aviez accordée, et, si Dieu voulait récompenser tous nos efforts, tous nos sacrifices, je dirai même toutes nos douleurs, en accordant le succès à vos futures éducations, je croirais avoir obtenu la plus belle de toutes les récompenses.

» G.-B. CASTELLANI.

» Casalta, 15 novembre 1859.»

Il nous tarde fort de connaître si les graines de M. le comte Castellani donneront les beaux résultats qu'on est en droit d'espérer, quand on sait qu'elles proviennent d'un pays non infecté et qu'elles ont été faites avec tout le soin et toute l'intelligence possibles. Ce sera également avec un bien vif intérêt que nous accueillerons les publications que compte faire cet intrépide voyageur pour nous renseigner d'une manière complète sur les méthodes d'éducation usitées en Chine.

Nous terminerons notre chronique séricicole en annonçant à nos lecteurs qu'un habitant de Novarre, le sieur Antonio Rossini, a trouvé une méthode très-simple et d'une facile exécution pour étouffer à froid la chrysalide dans son cocon. Par cette méthode, le cocon conserve sa fraîcheur naturelle et peut être transporté sans altération sur les marchés les plus éloignés.

Le sieur Rossini, voulant tirer parti de sa découverte, a ouvert une souscription. S'il trouve, comme c'est probable, 5,000 personnes qui consentent à donner 10 fr. chacune pour connaître son procédé, M. Rossini enverra à ses souscripteurs un mémoire imprimé où sa méthode d'étouffement sera décrite avec la plus grande clarté.

Les souscriptions sont reçues tous les jours, de onze heures à deux heures de l'après-midi, aux bureaux de la direction du journal *il Bacofilo italiano*, rue S.-Gio-in-Conca, n° 9, à Milan. Nous pensons qu'en s'engageant par lettre à payer ladite somme de 10 fr. contre réception de la brochure du sieur Rossini, on pourrait se faire inscrire sur la liste de souscription ouverte à Milan.

15 février 1860.

III

Nous voudrions partager l'optimisme de M. Barral, le savant directeur du *Journal d'agriculture pratique;* nous désirerions vivement pouvoir dire avec lui que « la routine proverbiale du cultivateur n'existe plus que sous la plume de quelques écrivains inattentifs »; mais il ne suffit pas de s'écrier que la routine n'existe plus pour que celle-ci disparaisse à jamais, et tous les cultivateurs qui ont voulu faire, sur leurs domaines, de l'agriculture réellement progressive, savent, aussi bien que nous, au prix de quels efforts ils ont pu réaliser une amélioration quelconque. Nous nous rappelons encore toutes les répugnances que nous eûmes à vaincre pour faire adopter la batteuse Pinet dans un domaine de la Lozère. Il fallut que cette excellente machine à battre fût solidement construite pour qu'elle pût résister, comme elle le fit, aux rudes épreuves auxquelles elle fut soumise par les domestique chargés de sa manœuvre. Ce seul fait suffirait au besoin pour prouver l'erreur de M. Barral, lorsqu'il affirme que l'esprit de routine ne se rencontre plus chez les cultivateurs ; mais en nous reportant à l'époque peu éloignée de nous où le sécateur fut employé pour la première fois dans les vignobles de l'Hérault, nous trouverons de nouveaux exemples bien frappants des obstacles de tout genre qu'une routine aveugle oppose sans cesse à toute innovation. Dans le concours qui eut lieu à Béziers en 1840, pour juger du mérite relatif de la serpette et du sécateur, il ne fallut rien moins qu'une démonstration imposante de la force armée pour prévenir une émeute des paysans, qui, la veille du concours, avaient parcouru les rues de Béziers, tambour en tête, en proférant les cris: « A bas le sécateur ! nous ne voulons pas de concours. »

Comment se fait-il qu'après les concours de Claret, de Lunel, de Béziers, etc., qui datent déjà de plus de vingt ans, concours dans lesquels la supériorité du sécateur fut hautement proclamée, il y ait encore un si grand nombre de pays de vignobles où l'on s'obstine à repousser l'emploi de cet instrument?

Nous avons lu avec surprise, dans un journal qui s'occupe d'une manière toute spéciale de viticulture, le dialogue suivant, entre un vigneron du Médoc et le directeur du journal :

— A votre avis, demande le vigneron, quel est l'instrument dont on peut se servir le plus avantageusement? est-ce le sécateur ou la serpe?

— Le sécateur, répond le directeur du journal, est, depuis quelques années, l'instrument à la mode, et tout le monde reconnaît qu'il est beaucoup plus expéditif que la serpe. Néanmoins, de l'avis des praticiens dont l'opinion fait foi en matière viticole, le sécateur ne peut servir que pour couper de jeunes branches; mais cet outil n'est pas assez fort pour couper du bois vieux et dur ; en outre, il ne coupe le bois que carrément, et il nous est démontré qu'il faut souvent le couper en biais ou en bec de flûte, comme on dit vulgairement.

— Je partage votre opinion, s'écria le vigneron ; nous devons laisser aux jardiniers, aux arboriculteurs proprement dits et aux viticulteurs qui taillent à bois court, leur prédilection pour le sécateur.

Si un agriculteur du Midi avait été interrogé sur l'emploi du sécateur par ce brave vigneron du Médoc, la réponse n'aurait sans doute pas été la même. Dans tous les concours, la serpette a été vaincue par le sécateur ; aussi est-il bien reconnu aujourd'hui qu'avec ce dernier instrument on fait un tiers de travail de plus qu'avec le premier, et que, en outre, le travail est toujours plus parfait. Les sécateurs qu'on fabrique aujourd'hui sont, pour ainsi dire, sans défaut ; ils ne mâchent pas du tout le bois, et, quoique de médiocre dimension, ils peuvent couper facilement les plus gros ceps et le bois mort, sans ébranler la souche, comme cela avait lieu avec la serpette. L'économie de main-d'œuvre qu'a procurée l'emploi du sécateur est assez importante pour que les vignerons aient à s'en préoccuper, et le maniement de cet instrument est si facile qu'on n'a plus besoin, pour apprendre à tailler, du long apprentissage que nécessitait autrefois l'usage de la serpette.

Dans un concours pour la taille de la vigne qui eut lieu à Claret (Hérault), en 1841, un jeune homme de Fontanès obtint un prix dans la section des tailleurs à la serpette. Ce prix consistait en un beau sécateur et 5 fr. en espèces.

M. Capon, conseiller de préfecture, témoigna à ce concurrent, en le couronnant, combien il était étonné qu'un ouvrier aussi intelligent eût préféré se servir de la serpette. « Je voulais acheter un sécateur, lui répondit le jeune homme ; j'ai appris qu'il devait y avoir un concours, je l'attendais avec impatience pour en gagner un. »

Cette réponse d'un habile ouvrier avec la serpette est le meilleur argument en faveur du sécateur.

Nous pouvons ajouter que, lorsque le sécateur fut employé pour la première fois dans le département de l'Hérault, il rencontra une opposition très-vive chez les paysans, qui s'étaient bien vite aperçus que cet instrument était beaucoup plus expéditif que la serpette et qui craignaient dès lors que son adoption ne diminuât le nombre des journées de travail. Cette crainte fut la principale cause des troubles qui eurent lieu à Béziers en 1840, la veille du concours où l'on devait juger du mérite relatif du sécateur et de la serpette. Les propriétaires avaient déjà remarqué que les paysans qui paraissaient les plus hostiles au sécateur employaient pourtant cet instrument toutes les fois qu'ils taillaient leurs propres vignes. Ce témoignage tacite en faveur du sécateur avait pour eux plus de valeur que tous les arguments par lesquels on cherchait à leur démontrer la supériorité de la serpette.

Quant à cette assertion que nous avons citée, qu'il est souvent utile de couper le bois en biseau ou en bec de flûte, nous la tenons pour un préjugé et nous en appelons à l'expérience, qui montrera à coup sûr que cette espèce de taille n'a aucun avantage sur celle qui est faite *carrément*.

Le dernier bulletin de la Société centrale d'agriculture de l'Hérault contient un article sur des plantations de pins et de cyprès qui furent faites, en 1838, à Aresquiès, par le propriétaire de ce domaine, M. Cazalis-Allut. Les résultats de cet essai de reboisement nous paraissent assez importants pour que nous croyions devoir les signaler à nos lecteurs.

Plusieurs vignes du domaine d'Aresquiès se trouvent dans des sols très-médiocres, qui ne permettraient pas, lorsque celles-ci seront épuisées, d'en replanter de nouvelles avant un assez long espace de temps. Serait-il possible de faire rapporter un certain revenu au sol pendant cet intervalle de repos? La belle venue des arbres verts dans nos pays a fait penser à M. Cazalis-Allut que des plantations de ces arbres pourraient résoudre le problème qu'il s'est proposé. En 1838, il planta un certain nombre de pins et de cyprès dans une garrigue, et voici, après vingt ans, l'accroissement qu'avaient pris ces arbres :

Pins d'Alep. — Hauteur moyenne, 9^m 74
    Circonfér. à 1^m au-des. du sol, 0^m 80
Pins pignons. — Hauteur, 7^m 60
    Circonférence, 0^m 98
Pins de Corse. — Hauteur, 8^m 35
    Circonférence, 0^m 44
Cyprès à branches étalées. — Haut., 7^m 15
    Circonférence, 0^m 60

On voit, d'après les chiffres ci-dessus, que les pins d'Alep et les pins pignons doivent être pré-

férés aux pins de Corse et aux cyprès à branches
étalées. Le pin pignon, quoique ayant pris moins
d'accroissement que le pin d'Alep, mériterait
pourtant d'être adopté, car son bois est de meilleure qualité, et il produit, en outre, des fruits
qui ont une certaine valeur. C'est donc à cet
arbre qu'on doit donner la préférence.

Voici, d'après M. Cazalis-Allut, comment il
faudrait procéder pour faire économiquement les
plantations et les semis de pins :

« Avant que la vigne que l'on voudrait transformer ne fût trop usée, on arracherait une ran-
gée de ceps sur trois et on planterait ou sèmerait
les arbres dans les trous même où l'on aurait
arraché les souches. L'on continuerait à cultiver
la vigne comme par le passé. Les arbres, dans
leurs premières années, ne pouvant pas nuire à
la vigne, les produits se maintiendraient à peu
près les mêmes, à cause du plus grand espace-
ments des ceps conservés ; et lorsque les arbres
auraient atteint deux mètres d'élévation, on
arracherait les rangées restantes, si elles ne
donnaient plus un produit rémunérateur, pour
semer, entre les allées d'arbres, des graminées, de
la pimprenelle, du psoralier bitumeux, enfin un
mélange de toutes les graines convenables au sol
et pouvant fournir une bonne dépaissance pour
les troupeaux. Afin d'assurer le succès des arbres
et de la dépaissance, les troupeaux ne devraient y
y pacager que deux ou trois ans après le semis
des plantes fourragères.

» Il est facile d'apprécier les avantages de l'opération que je propose ; la vigne en supporterait
tous les frais, moins ceux résultant du semis des
graines et de la privation de cette dépaissance
pendant deux ou trois ans ; mais, passé cette

époque, on aurait une dépaissance meilleure que celle provenant du sol abandonné à lui-même d'une vieille vigne arrachée.

» Un hectare de garrigue ou de terre inculte peut nourrir deux moutons et s'affermer 6 fr. par an, ce qui représente, à 5 p. %, un capital de 200 fr. Cette même terre, plantée ou semée en pins, sera peuplée, vingt ans après, de sept cents arbres pareils à ceux dont j'ai donné précédemment les dimensions. Ces arbres, d'après l'évaluation de gens experts, valent 2 fr. sur pied. Pour ne pas avoir de mécompte, fixons-en le prix à 1 fr. 50 c. et nous aurons donné, au bout de vingt ans, une valeur de 1,050 fr. à un terrain qui ne valait que 200 fr. ; le capital sera donc plus que quintuplé.

» On fait rarement d'aussi bonnes opérations en agriculture, et le résultat que je viens d'indiquer offre encore de la marge pour parer aux éventualités qui peuvent survenir.

» Si l'on ne jugeait pas à propos de replanter en vigne le terrain transformé en bois, il conviendrait, quand on arracherait définitivement toutes les souches, de semer au milieu des allées de pins des glands de chêne-vert. En soignant ce nouveau semis, il prospérerait, et, quand les pins seraient abattus, on entrerait en possession d'un bois de chênes qui aurait bientôt une valeur plus considérable que celle des pins. »

M. Cazalis-Allut fait remarquer que, les vignes étant généralement plantées dans le Midi a 1^m 50 cent. en tous sens, il ne faudrait planter ou semer les arbres que dans un trou et l'autre non des souches arrachées, pour avoir environ 700 arbres par hectare. On en aurait 1400 en plantant dans chaque trou, mais il faudrait alors en arracher la moitié, après huit ou neuf ans, si l'on ne voulait pas nuire à la belle venue des autres. Ces arbres arrachés pourraient être utilisés pour bois de chauffage ou pour faire des piquets pour clôtures.

Nos lecteurs ignorent, sans doute, que le royaume de Naples possède un institut agricole, qui fonctionne très-régulièrement depuis l'année 1854 et qui pourrait servir de modèle aux divers établissements de cette nature que possèdent les autres contrées de l'Europe.

Cet institut agricole, qui porte le nom de Ste-Marie-de-Valleverde, est situé sur le territoire de Melfi ; il reçoit des élèves qui restent dans cet établissement pour y faire leur éducation littéraire et agricole, depuis l'âge de douze ans jusqu'à vingt ans. Les études sont réglées de la manière suivante : de douze à dix-sept ans, cours de belles-lettres, d'arithmétique et de géographie ; de dix-sept à dix-huit ans, principes généraux des sciences naturelles appliquées à l'agriculture ; de dix-huit à dix-neuf ans, cours d'agriculture ; de dix-neuf à vingt ans, agriculture pratique. Chaque élève doit alors cultiver lui-même une certaine étendue de terrain pour faire l'application des principes théoriques qui lui ont été enseignés. Un cours de médecine vétérinaire est aussi professé dans cet établissement.

Les terres appartenant à l'institut sont divisées en plusieurs sections, d'une étendue plus ou moins considérable, suivant l'importance des cultures auxquelles elles sont consacrées. Nous allons indiquer sommairement les cultures des dix-sept sections établies :

1re section. — Culture des fleurs d'ornement.

2e *id.* — Culture des diverses plantes botaniques, classées d'après la méthode sexuelle de Linnée.

3e — Expériences sur les plantes herbacées de récente introduction.

4e — Semis, pépinières d'arbres à fruit.

5e — Culture de toutes les variétés d'arbres à fruit.

6e — Prairies permanentes non arrosées.

7e — Cultures de toutes les variétés de la vigne.

8e — Culture de l'olivier.

9e — Culture des arbres forestiers.

10e et 11e — Culture des figuiers et des noisetiers.

12e — Culture des plantes industrielles, plantes tinctoriales, textiles, oléagineuses.

13e — Culture des plantes potagères.

14e — Culture des meilleures espèces de mûriers et principalement de celles dont la feuille convient le mieux à l'alimentation des vers à soie.

15e — Prairies arrosées.

16e — Culture des légumineuses, fèves, pois, etc., etc.

17e — Champs. Etude des assolements.

Il nous semble que des jeunes gens qui passent huit ans de leur vie dans un semblable établissement, et qui ont constamment sous leurs yeux de pareils exemples de toutes les cultures, doivent acquérir une instruction pratique suffisante pour devenir par la suite d'excellents agriculteurs.

15 mars 1860.

IV

SOMMAIRE.

La taille tardive considérée comme moyen préservatif de l'oïdium. — Nouvelle méthode pour faire du vin avec les baies du sureau. — Concours régional de Montpellier. — Eaux-de-vie; alcools mélangés d'eau et colorés par le caramel. — Jugement de la cour impériale de Rouen.

Tous les journaux d'agriculture se sont occupés récemment de la question de la taille tardive. D'après M. Guyot et quelques autres viticulteurs, cette sorte de taille aurait le précieux avantage, en retardant la végétation de la vigne, de préserver cet arbuste des funestes effets des gelées blanches. Nous avons traité assez longuement cette question dans le *Messager agricole* pour qu'il nous soit permis de ne pas l'aborder de nouveau dans ce journal. Mais, s'il faut en croire M. Edmond de Planet, membre de la Société d'agriculture de la Haute-Garonne, la taille tardive aurait une utilité bien autrement importante que celle que lui attribue M. Guyot, puisque, grâce à elle, on n'aurait plus à redouter pour la vigne les atteintes de l'oïdium.

Nous ne discuterons pas ici les idées théoriques de M. de Planet, pour expliquer comment le retard de la taille peut préserver les vignes de l'oïdium. Cet agriculteur était arrivé à penser que cette cryptogame avait pour principale cause l'influence, sur les bourgeons éclos, des froides nuits d'avril, combinées avec les circonstances d'humidité et de chaleur qui se produisent presque toujours à cette époque. Il crut donc devoir retarder la taille afin que les bourgeons qu'il conserverait pussent se développer dans une saison où les conditions atmosphériques sont beaucoup plus favorables à la végétation. Citons maintenant les expériences de M. de Planet :

« La taille de mes souches fut donc, en 1856, retardée jusqu'au 8 mai. A cette époque, les sarments étaient entièrement couverts de feuilles et même de raisins, mais ces derniers non encore fécondés. Tout fut tranché sans exception. On laissa tantôt un seul, tantôt les deux yeux encore endormis du fond de la branche. La récolte fut magnifique et abondante ; il n'y eut pas un seul raisin malade.

En 1857, la taille eut lieu de la même manière et donna les mêmes résultats.

En 1858, voulant contrôler cette pratique, je fis tailler à l'époque habituelle ; tous mes raisins, ou à peu près, furent frappés d'oïdium, et ma petite récolte fut perdue.

Peu satisfait de ces résultats, j'ai repris, en 1859, la taille de mai, et, le 12, j'abattais mes longs sarments couverts de feuilles et de fruits, convaincu qu'avec eux j'enlevais la maladie et ses germes.

Comme en 1856 et 1857, ma récolte a été entièrement préservée de l'oïdium, et, du 1er au 5 septembre, je recueillais sur mes soixante souches 110 kilogrammes de raisins bien mûrs, qui, au prix de 24 fr. les 100 kilog., cours du mo-

ment, représentaient un revenu brut de 4,000 fr.
à l'hectare.

J'ajouterai que des treilles très-voisines, taillées à la manière ordinaire pendant toute la
durée de l'expérience, n'ont donné que des
raisins dévorés par l'oïdium.

Il paraît, d'après M. de Planet, que, lorsqu'on
taille ainsi en mai, il n'y a point d'écoulement
de sève à la section des sarments; la vie de l'arbre paraît suspendue pendant quelque temps,
et ce n'est que vers le commencement de juin
que les bourgeons conservés se tuméfient, s'ouvrent et laissent échapper les jeunes mises, qui
se couvrent bientôt de raisins. La souche n'est
nullement épuisée par cette taille tardive, et la
maturité des raisins a lieu sur les ceps ainsi
traités à la même époque que pour ceux qui
ont été taillés en février ou mars.

Nous ne révoquons nullement en doute la
sincérité des faits rapportés par l'honorable M. de
Planet, mais nous pensons que, si l'oïdium ne
s'est pas déclaré sur ses souches taillées en
mai, cela a tenu à une simple coïncidence. Ce qui
nous autorise à faire cette supposition, c'est que
nous avons été à même de voir pratiquer cette
taille tardive par un cultivateur de l'Hérault,
M. Mazaury, qui prétendait garantir de cette manière les vignes de l'oïdium. Ce système fut essayé par plusieurs propriétaires sur une assez
grande échelle, et son insuccès fut général. La
seule conclusion que nous pourrions tirer des
expériences de M. de Planet, c'est que, contraire-
ment à l'opinion généralement admise dans nos
pays, la taille en pleine sève n'épuise pas la
souche. M. Guyot nous avait déjà annoncé ce
fait.

Les gens du Nord, qui ne se doutent nullement de la manière loyale dont se fait à Cette le commerce des vins, se figurent que les *coupages* sont des sophistications frauduleuses nuisibles à la santé publique. Ils ignorent que les seules opérations que se permettent les négociants consistent à mélanger des vins fortement alcoolisés naturellement avec d'autres vins moins généreux; ou à mettre, dans des vins très-faibles qui ne pourraient pas se conserver longtemps, une petite dose d'alcool pur pour leur donner plus de corps et de durée. Mais que sont ces opérations, fort légitimes selon nous, en comparaison de ce qui se pratique, au vu et su de tout le monde, dans les vignobles qui s'étendent depuis la Ferté-sous-Jouarre jusque vers Épernay !

M. V... vient de donner à ce sujet de curieux renseignements dans la petite revue agricole que le *Journal d'agriculture progressive* a publiée dans son numéro du 1er avril.

« Nous devions nous rendre, dit M. V..., par la ligne de Strasbourg, à Nogent-l'Artaud, où on nous attendait, et, tout en déplorant la position des cultivateurs, forcément arrêtés dans leurs travaux par la pluie et la neige, nous nous laissions entraîner par la voie rapide, lorsqu'on annonce Nanteuil-sur-Marne. Par une distraction bien grande, nous descendîmes du train, nous croyant arrivés ; mais bientôt nous reconnûmes notre erreur. Hélas ! il était trop tard ! Le train était en marche. Que faire, que devenir dans un village où l'on ne peut pas seulement se procurer

un cheval et une carriole? Attendre le train suivant, c'était perdre cinq heures; mieux valait
donc nous rendre, malgré la neige, pédestrement
à Nogent-l'Artaud. Comme on le voit jusqu'à
présent, tout est malheur. Nous cheminions donc
en maugréant contre notre maladresse, en exa-
minant les cultures qui bordent le chemin et
celles de la vallée, que les derniers débordements
de la Marne ont quelque peu ravagées, lorsque
notre attention fut attirée par le grand nombre
de sureaux que nous voyions dans les vignes.
Nous remarquâmes que ces sureaux étaient
l'objet des soins tout particuliers des vignerons,
qu'ils étaient bêchés au pied et soigneusement
taillés. Nous rencontrions même de temps en
temps quelques petits champs entièrement plantés en sureaux.

» Nous avions souvent remarqué des arbres frui-
tiers dans les vignobles, mais jamais de sureaux,
et surtout en aussi grand nombre. Voulant donc
nous rendre compte de ce qui nous semblait être
une anomalie, nous demandâmes à un vieux vigneron pourquoi on cultivait des sureaux parmi
les vignes, et quel produit on retirait de la culture de cet arbre. — Ah! monsieur, nous ré-
pondit-il, *c'est pour faire du vin.* — Nous devons
avouer qu'au premier abord nous ne compre-
nions pas; mais bientôt il nous répliqua que les
baies de sureau entraient pour une grande part
dans la fabrication des vins du coteau de la Ferté-
sous-Jouarre jusque vers Epernay; que l'addition des baies de sureau au raisin donnait du ton
et de la couleur au vin, et qu'enfin, sans cela, le
vin ne serait pas bon.

» Nous recueillions donc un enseignement de
notre voyage Nous avions pensé, jusqu'à ce jour,

que ce n'était que dans les chaix ou dans les caves des marchands que l'on frélatait le vin : nous étions dans l'erreur, puisque les vignerons vendent du jus de baie de sureau pour du vin et ne croient en rien charger leur conscience ; d'ailleurs ils ne s'en cachent pas et se croient dans la légalité. Achetez donc du vin de propriétaire ! Avis aux consommateurs et à qui de droit. »

Nous pensons qu'aucun de nos lecteurs ne sera tenté de faire l'essai de ce nouveau procédé pour faire du vin, car aucun d'eux n'y trouverait à coup sûr son compte. Dans le Midi, la culture de la vigne est plus profitable que celle du sureau, car, veuillez le croire, monsieur V..., ce sera toujours avec le jus de raisin qu'on fera le meilleur vin et au meilleur marché possible.

Nous sommes peu éloignés maintenant de l'époque où va s'ouvrir le concours régional agricole de Montpellier. Le *Messager du Midi* et le *Messager agricole* auront à rendre compte de cette importante solennité, qui mettra sans doute en relief toutes les ressources de nos riches contrées. Depuis trop longtemps nous entendons dire, sur tous les tons et dans tous les journaux, que l'agriculture du Midi est de beaucoup inférieure à celle du Nord ; il nous tarde de voir réformer ce jugement, qui ne repose sur aucune base sérieuse. Nous sommes assurés d'avance que MM. les membres du jury qui ont été appelés à visiter les principaux domaines de l'Hérault auront dû apprécier l'intelligence des nombreux concurrents à la prime d'honneur.

Ils proclameront, sans doute, hautement que si les agriculteurs du Midi ne s'adonnent guère à la culture des prés et à l'élève des bestiaux, on ne saurait leur en faire un reproche, car les prés, dans les contrées où la sécheresse règne constamment, ne sauraient donner que des produits très-médiocres, eu égard à ceux qu'on retire de la vigne, du mûrier, de la garance et de l'olivier. Nous ne croyons pas nous tromper en affirmant qu'il est bien peu de départements en France où l'agriculture soit plus florissante que dans celui de l'Hérault. L'aisance, pour ne pas dire la richesse des cultivateurs et des propriétaires de ce beau département, est une preuve trop éclatante de l'état de son agriculture.

Nous trouvons dans le *Moniteur vinicole* un arrêt de la cour impériale de Rouen, que nous croyons utile de mettre sous les yeux de nos lecteurs.

Des débitants avaient été poursuivis devant le tribunal de première instance de Rouen pour avoir vendu sous le nom d'*eaux-de-vie* des alcools d'industrie mélangés avec beaucoup d'eau. On les accusait de tromperie sur la qualité de la chose vendue, en ne disant pas que les alcools avec lesquels ils faisaient leurs mélanges n'étaient pas des alcools de vin. On leur reprochait, en outre, de mettre trop d'eau dans leurs alcools. L'eau-de-vie de commerce a ordinairement 50 degrés d'alcool ; tandis que le liquide qu'ils vendaient sous ce nom n'avait guère que de 31 à 42 degrés au plus. Enfin on considérait comme un fait coupable l'addition de caramel qui se trouvait dans leurs eaux-de-vie.

Sur cette poursuite, le tribunal de Rouen avait rendu, le 11 janvier dernier, un jugement qui relaxe les prévenus sur les deux premiers chefs de la prévention, en décidant qu'il n'y avait pas eu tromperie de leur part :

1° Dans le fait d'avoir mis en vente, sous le nom générique d'*eau-de-vie*, des alcools d'industrie ;

2° Et dans celui d'avoir ajouté une quantité d'eau qui avait réduit l'alcool de 42 à 32 degrés, par ce motif qu'il avait été établi par les débats que l'eau-de-vie commerciale et marchande peut ne contenir que 32 degrés centésimaux.

Mais, sur le chef relatif à l'introduction d'une certaine quantité de caramel dans les alcools d'industrie, le tribunal jugea qu'elle constituait une tromperie sur la qualité de la chose vendue, en ce qu'en leur donnant l'apparence d'eau-de-vie vieille de vin, elle induit l'acheteur en erreur sur la qualité du liquide qu'il croit acquérir.

En conséquence, le tribunal, prenant en considération l'usage si ancien de ce mélange, admit des circonstances atténuantes et condamna les cinq débitants poursuivis, les uns à 16 francs et les autres à 25 francs d'amende.

Les débitants interjetèrent appel de cette décision. Le procureur impérial interjeta également appel du jugement, en ce qu'à tort, selon lui, les prévenus auraient été relaxés sur le cas relatif au mélange d'eau dans des proportions trop considérables.

Voici les termes de l'arrêt rendu par la cour impériale de Rouen :

« Considérant que Dumesnil a été poursui devant le tribunal correctionnel de Rouen sous prévention : 1º d'avoir frauduleusement falsifié par addition d'eau et d'une petite quantité de caramel des eaux-de-vie destinées à être vendues au détail dans son établissement; 2º mis en vente des eaux-de-vie falsifiées;

» Considérant que, si la loi du 27 mars 1851, dont les dispositions sont déclarées, par celles de la loi du 4 mai 1855, applicables aux boissons, punit de peines correctionnelles la falsification des liquides, qui n'était primitivement, aux termes de l'article 475, nº 6 du code pénal, passible que de peines de simple police, il résulte clairement de l'exposé des motifs, aussi bien que de la discussion qui a précédé l'adoption des lois précitées, que le législateur a entendu frapper la fraude, et *rien que la fraude*, et ne pas punir les mélanges ou *coupages* avoués que peuvent réclamer les besoins de la consommation ou du commerce, les habitudes locales ou les caprices du goût, lesquels sont de leur nature éminemment variables;

» Considérant que, en affaiblissant par addition d'une certaine quantité d'eau, pour satisfaire aux exigences des consommateurs, l'alcool provenant de la distillation des grains ou autres substances végétales, l'inculpé n'a fait que transformer cet alcool en eau-de-vie plus ou moins forte et le ramener à un état qui permet de le livrer, soit au verre, soit au litre, à un prix très-modique, en rapport avec les habitudes de sa clientèle;

» Considérant qu'il n'est pas exact de dire,

ainsi que l'ont fait les premiers juges, que l'inculpé vendait aux consommateurs les spiritueux dont les échantillons ont été saisis pour de l'eau-de-vie *de vin*, colorée tant par l'action du temps que par celle des futailles dans lesquelles elle aurait été conservée ; que rien n'indique que le débitant ait eu l'intention d'accréditer une semblable fraude, et qu'aucun des consommateurs qui fréquentaient son établissement n'a pu y être trompé ;

» Considérant, en ce qui concerne l'addition du caramel reprochée au prévenu, qu'en ajoutant à ses eaux-de-vie une quantité, d'ailleurs extrêmement minime, de cette substance qui n'a rien de malfaisant, l'inculpé a suivi un usage attesté, par tous les négociants entendus dans l'instruction, comme ayant existé depuis un très-grand nombre d'années dans la ville de Rouen ;

» Considérant qu'en l'absence de toute disposition législative ou réglementaire qui prescrive d'une manière formelle le degré que devront marquer à l'alcoomètre les eaux-de-vie vendues au détail, on ne saurait assimiler le *mouillage* opéré par l'inculpé à une falsification punissable ;

» La cour, sans s'arrêter à l'appel *à minimâ* du ministère public, faisant droit sur l'appel de Dumesnil, dit que le fait qui lui est imputé ne constitue ni délit ni contravention, et le renvoie de la poursuite sans dépens. »

La même décision a été rendue à l'égard des quatre autres prévenus.

15 mai 1860.

V

CONCOURS RÉGIONAL DE MONTPELLIER.

Montpellier n'a pas encore repris ses allures calmes et pacifiques, qui conviennent si bien à une ville de province; bien que le concours régional ait clôturé dimanche ses opérations par la distribution solennelle de la prime d'honneur, des prix et des médailles. il reste encore dans les murs de la moderne Epidaure un assez grand nombre d'étrangers qui y sont retenus par nos belles expositions de l'industrie et des beaux-arts. Les taureaux et les vaches sont maintenant de retour dans leurs étables; les brebis et les béliers ont retrouvé avec plaisir leurs pâturages, après être restés plus de six jours enfermés dans leurs gracieuses petites stalles; les poules, les coqs et les canards ont repris leurs ébats dans les basses-cours, d'où on les avait éloignés pour quelque temps, à leur grand regret sans doute; les produits agricoles qui n'ont pas été consommés par le jury dégustateur, ou par le jury du grand banquet de dimanche, sont de nouveau rentrés en possession des exposants : le concours régional agricole n'existe plus désormais que dans le souvenir des personnes qui ont pu y prendre part, et juger ainsi par elles-mêmes du mérite de toutes les expositions.

Ce concours a été, de l'aveu de tout le monde, le plus remarquable de tous ceux qui ont eu lieu jusqu'à présent dans le Midi.

L'exposition des machines et des instruments agricoles était aussi complète que possible. Celle des produits, si nous en jugeons par le catalogue, a dû être également très-remarquable par le nombre et la qualité des objets qui y étaient rassemblés, mais personne n'a pu pénétrer dans le local consacré à cette exposition.

L'organisation actuelle des concours nous paraît essentiellement vicieuse; elle appelle de grandes réformes, dont chacun reconnaît la nécessité. Le temps accordé aux divers jurys pour juger du mérite des objets soumis à leur examen est beaucoup trop court pour que leurs jugements ne se ressentent pas de la précipitation avec laquelle ils doivent être rendus. L'examen sérieux de plus de six cents machines ou instruments agricoles, dont quelques-uns sont tout nouveaux, ne saurait se faire dans le court espace de trois jours, et quelles que soient, d'ailleurs, les connaissances spéciales des jurys, elles ne peuvent, néanmoins, être assez grandes pour leur permettre d'apprécier un instrument quelconque à la simple vue. C'est à l'œuvre, dit le proverbe, qu'on connaît l'ouvrier ; une machine également ne peut être bien connue que lorsqu'on la voit travailler. Pour que les expositions rendissent aux agriculteurs tous les services qu'on est en droit d'attendre d'elles, il faudrait qu'elles devinssent un enseignement public. Le jury devrait consacrer huit jours au moins à l'examen des machines; il devrait, avant de se prononcer sur le mérite de chacune d'elles, les faire fonctionner devant lui, et quand son choix se serait fixé sur celles qui lui paraîtraient les meilleures, il faudrait qu'il publiât un rapport détaillé sur l'enquête à laquelle il se serait livré. Ce rapport, qui serait vendu à bas prix, ferait ressortir les avantages des instruments primés, et indiquerait les imperfections de ceux qui n'auraient pas été récompensés. On comprend toute l'importance de la publication d'un pareil rapport. Mais là ne se borneraient pas les améliorations que nous réclamons. Comme, en somme, les concours doivent avoir pour but principal l'instruction des agriculteurs, leur durée devrait être prolongée, afin que le public pût étudier à son tour les diverses machines dont il peut avoir besoin. A propos des expériences, dit M. A. de Lavalette dans l'*Ami de la religion*, il serait à désirer que le public agricole fût toujours admis, ce qui serait très-facile si l'on divisait le travail en deux parties : l'une pour les membres du jury et l'autre pour les populations. Il faut bien partir de ce principe que les concours n'ont pas été établis seulement pour les membres du jury; chacun, avec raison, voulant voir travailler une machine avant d'en faire l'acquisition, il est donc important de faciliter cette étude.

Nous n'avons pas la prétention de faire connaître à nos lecteurs toutes les machines, tous les instruments agricoles qui figuraient à l'exposition, mais que nous n'avons pas vus à l'œuvre. Nous admettons sans peine que tous les instruments primés méritaient de l'être, mais il n'est pas aussi certain pour nous que ce soient toujours les meilleurs qui aient obtenu des récompenses. Si tous avaient été essayés, nous n'émettrions pas un pareil doute. Nous devons signaler, parmi les bineuses vigneronnes qui ont échappé, sans doute, à l'attention du jury, un très-bon fourcat bineur inventé par M. Baldit, de St-Thibéry, et exposé sous le nº 18 ; cet instrument, que nous avons eu occasion de voir fonctionner, est très-simple et fournit un très-bon travail. Depuis quelque temps on s'occupe beaucoup, en Bourgogne et dans d'autres pays viticoles du Nord, de la question du travail des vignes à la charrue. On a publié dans divers journaux quelques articles à ce sujet, desquels il résulterait que le travail à la charrue coûterait de 40 à 50 % de moins que la culture à bras d'hommes. Nous devons prémunir nos lecteurs contre de semblables exagérations. La charrue dans les vignes est pour nous un pis-aller auquel nous ne conseillons de recourir que lorsque les bras font complétement défaut. On exagère, du reste, singulièrement, l'économie qui résulte des labours. Dans nos pays du Midi, où les fourrages sont fort chers, l'entretien d'une mule et de son conducteur coûte au moins 1,200 fr. par an. Un domaine qui n'aurait que des vignes ne pourrait guère faire travailler celles-ci que pendant deux cents ou deux cent cinquante journées au plus, ce qui ferait revenir la journée à un prix assez élevé ; il faudra, du reste, toujours les bras des hommes pour tra-

vailler le tour des souches, et nous pouvons assurer par expérience que la culture à bras est
de beaucoup préférable par la perfection du
travail, et que le surplus de dépenses qu'elle oc-
casionne n'en vaut réellement pas la peine. Nous
reviendrons, du reste, plus tard, sur cette
question.

Toute la machinerie agricole était représen-
tée au concours de Montpellier : charrues de
toutes sortes, bineurs, extirpateurs, semoirs,
faucheuses, moissonneuses, râteaux à cheval,
faneuses, herses, rouleaux, machines à battre
à manège ou à la vapeur, tarares, instruments
pour le soufrage, moulins pour faire l'huile,
presses pour les vendanges, distilleries ambu-
lantes, hache-pailles, concasseurs de grains, etc.
Il est fâcheux, répétons-le encore, que le public
n'ait pas pu voir fonctionner tous ces instruments, car il aura bien rarement l'occasion de
trouver une semblable collection réunie dans un
même local.

M. Ganneron, de Paris, avait fait à lui seul
une exposition des plus remarquables, et nous
espérons pouvoir donner, dans le *Messager agricole*, la figure et la description des machines les
plus importantes, de celles du moins dont le
mérite a été hautement consacré par l'expérience.

L'exposition des animaux a montré encore
une fois, par le petit nombre d'individus qu'elle
contenait, que notre région ne sera jamais un
pays d'élèves, à cause de la rareté et de la
cherté des fourrages. Les départements appelés
à concourir étaient au nombre de huit, savoir : les
Pyrénées-Orientales, l'Aude, le Gard, l'Hérault,
Vaucluse, les Bouches-du-Rhône, le Var et la

Corse. Aucun de ces départements ne se trouve dans des conditions favorables à l'élève de la race bovine , et nous avons pu voir cette année que plusieurs catégories, entre autres celle pour la race durham , n'avaient pas assez d'animaux pour concourir à tous les prix qui leur étaient réservés par le programme. Huit durhams seulement avaient à se disputer quinze prix , et le jury n'a cru devoir en accorder que cinq. Quoique les races françaises et étrangères ne fussent représentées que par un petit nombre d'animaux, le concours n'en était pas moins très-remarquable à cause de la beauté des animaux qui y avaient été amenés.

L'espèce bovine présentait de fort beaux spécimens des races charolaise, gasconne, montagne-noire, bazadaise, comtoise, aubrac, camargue, durham, ayr, schwitz, etc., etc.; treize propriétaires avaient exposé 55 taureaux; 56 vaches ou génisses avaient été envoyées par dix-sept propriétaires. Les éleveurs qui ont remporté le plus grand nombre de prix sont MM. Sabatier d'Espeyran, Destremx de St-Christol, Vincent Malègue, Latapie père, Louis Fabre, Faral, Valayer, Gaston Bazille, Camille Latapie, Numa Rives, etc., etc.

Les cinq départements de Vaucluse, du Var, de l'Aude, du Gard et de l'Hérault, avaient envoyé au concours 77 béliers et 44 lots de brebis appartenant aux races mérinos et métis-mérinos, barbarine, laine commune. Les prix ont été obtenus par MM. Sabatier d'Espeyran, d'Espérel, Tapié-Mengau, Cauzid, Lades-Gout, François Peyre, Nourrit, Martin-Donos, Amadou, Camille Latapie, Louis Fabre, etc.

L'espèce porcine comptait 19 verrats et 51

truies appartenant aux races siamoise, new-
leicester, essex, berkshires, quercy, cumber-
land, etc. Les animaux primés appartenaient à
MM. Jules Cauzid, Sabatier d'Espeyran, Destremx
de St-Christol, Carayon-Latour, Vincept Malègue,
Lecoq, Camille Latapie, Aubrespy et de Gro-
sellier.

Les animaux de basse-cour étaient fort nombreux et appartenaient aux principales races
connues. Nous avons compté 74 lots de volailles;
tous ces lots étaient réellement remarquables.
Des médailles ont été accordées dans cette classe
à MM. Léon Clauzel, Lunel, Mille, Larguier,
Lecoq, Paulin, Planchenault, Ravoire et Ferrier.

Maintenant que nous avons donné une idée
sommaire des diverses expositions, il nous reste
à signaler une erreur assez grave que contenait
le rapport sur la prime d'honneur. D'après l'honorable rapporteur, les vignes du département
de l'Hérault produiraient en moyenne 150 hectolitres de vin par hectare, et le prix moyen du
vin serait de 10 fr. l'hectolitre. M. Bonnet a
pris dans cette circonstance l'exception pour la
règle. Pour être dans le vrai, il fallait dire que
les vignes des coteaux, c'est-à-dire la grande
généralité de nos vignobles, ne produisent guère,
année moyenne, que de 30 à 35 hectolitres par
hectare, tandis que la production des vignes de
plaines ne dépasse pas 90 à 95 hectolitres. Quant
au prix moyen du vin, il n'était pas avant l'oïdium de plus de 8 à 9 francs pour les bonnes
qualités, et il variait de 5 à 6 fr. pour les vins de
chaudière. Le temps n'est pas encore bien éloi-
gné de nous où nous avons vu les petits vins
de plaine ne pas trouver d'acheteurs à plus de
3 ou 4 francs l'hectolitre. Nous tenions à ne pas

passer pour plus riches que nous ne le sommes
réellement.

Le concours de Montpellier a montré cette année que ces intéressantes expositions agricoles
sont dans une voie de progrès constante. Il a
été bien supérieur à ceux d'Avignon et de Car-
cassonne, et tout nous porte à croire que le concours qui doit avoir lieu l'année prochaine à
Marseille sera encore plus brillant que celui de
Montpellier. Nous espérons qu'à cette époque le
programme actuel sera profondément modifié et
qu'il sera accordé plus de temps au jury pour
procéder à ses opérations, et au public pour étudier avec soin tous les objets exposés à ses regards.

20 mai 1860.

VI

SOMMAIRE :

Quelques réflexions au sujet du concours national d'agriculture et des concours régionaux. — Améliorations qui, d'après M. le marquis de l'Espine, pourraient être apportées aux concours. — Réussite de quelques graines indigènes.—Condition publique de graines de vers à soie à Avignon.

Le concours national d'agriculture qui a eu lieu à Paris, le mois dernier, a été des plus remarquables sous tous les rapports, et l'on peut évaluer à près de 400,000 le nombre des visiteurs français ou étrangers qui ont pris part à cette brillante solennité. Dans le principe, il avait été décidé que le public ne serait admis que pendant cinq jours, du 17 au 21 juin; mais l'affluence des visiteurs a été si considérable, les animaux, les machines et les produits étaient si nombreux, que M. le ministre de l'agriculture et du commerce a bien vite compris que cinq jours suffiraient à peine pour permettre aux agriculteurs d'examiner rapidement les objets de toute nature qui étaient exposés à leurs regards. On a donc accordé une prolongation de quatre jours, pour faciliter aux visiteurs l'étude des machines où des animaux qui pouvaient le plus les intéresser.

Pour montrer toute l'importance du concours national de 1860, il nous suffira de dire que le

nombre des têtes de l'espèce bovine était de 1,470;
les espèces chevaline et asine, qui figuraient pour
la première fois dans un concours à Paris, étaient
représentées par 788 animaux. Il y avait, en
outre, dans les diverses annexes de l'exposition,
548 lots de béliers et de brebis, 240 têtes de
l'espèce porcine, et un nombre prodigieux de
poules, coqs, faisans, dindons, canards, oies, pi-
geons, lapins, etc., etc. Les instruments agricoles
de toute nature étaient au nombre de 3,976; l'exposition des produits ne comptait pas moins de
4,048 numéros. Les établissements de la couronne
et les colonies françaises avaient fait des expositions spéciales très-remarquables, qui avaient le
privilége d'exciter vivement la curiosité de la
foule.

Nous avouerons franchement que ces exhibi-
tions si nombreuses d'animaux, d'instruments et
de produits de toute espèce, sont moins favorables à l'étude que ce qu'on pourrait le supposer
au premier abord. La curiosité est trop vivement
excitée par la diversité des objets qu'on a sous
les yeux. On veut tout voir, et il arrive que, en
fin de compte, on ne voit rien avec assez de soin
pour en conserver une idée bien nette. Nous ad-
mettrons volontiers que l'importance de plus en
plus grande qu'acquièrent chaque année les concours est une preuve positive des progrès immenses qu'a réalisés l'agriculture française ; mais
nous croyons que ces grandes expositions géné-
rales devront faire bientôt place à des expositions
plus restreintes. Nous avons appris avec plaisir
que le gouvernement reconnaissait la nécessité
d'entrer dans la voie que nous indiquons. Le
concours international de machines à moissonner, qui doit avoir lieu à la fin de ce mois, sur

la ferme impériale de Fouilleuse, est pour nous la preuve évidente que l'on a apprécié tous les avantages des concours spéciaux. Nous avons eu plusieurs fois, dans le Midi, des concours de charrues ou des concours spéciaux pour la taille de la vigne, et ces solennités, quoique moins brillantes que les concours régionaux actuels, ont produit néanmoins d'excellents résultats, en vulgarisant l'usage du sécateur et des meilleurs instruments aratoires. Ce que nous désirerions avant tout, c'est que toute machine, tout instrument présenté au concours, fût soumis à des expériences publiques. Nous voudrions, en outre, que chaque catégorie d'instruments fût étudiée par un jury spécial, et que ce jury fût tenu de faire un rapport détaillé sur chaque instrument soumis à son examen. De semblables rapports pourraient être étudiés avec soin par toutes les personnes qui ont réellement à cœur les progrès de l'agriculture ; ils seraient, en outre, des documents précieux pour les constructeurs d'instruments.

Nous avions déjà constaté avec peine que, tandis que les éleveurs recevaient des médailles et d'assez fortes sommes en argent pour leurs animaux primés, la classe si intéressante des constructeurs et des inventeurs d'instruments était traitée beaucoup moins favorablement dans la distribution des récompenses. Il est très-utile sans doute d'indemniser, des sacrifices momentanés qu'ils s'imposent, les agriculteurs qui entrent résolûment dans la voie, si avantageuse pour tous, de l'amélioration du bétail ; mais ne doit-on pas venir également en aide aux hommes généreux qui consacrent leur talent et souvent même leur fortune à résoudre l'important problème du remplacement des bras par les machines dans les travaux agricoles ? Cette inégalité dans la répartition des récompenses était, à nos yeux, une injustice. Le Corps législatif vient de la faire disparaître, et désormais une somme de 40,000 fr. sera mise à la disposition de M. le ministre de l'agriculture, du commerce et des travaux publics, pour être distribuée aux constructeurs et aux inventeurs de machines agricoles.

Nous n'avons eu que trois jours à notre disposition pour admirer l'ensemble de cette magnifique exposition de 1860 ; qu'on n'attende donc pas de nous un compte rendu de ce brillant concours. M. Barral, directeur du *Journal d'agriculture pratique*, a été assez heureux pour pouvoir consacrer douze jours à étudier cette belle exposition, et il avoue qu'il n'a pourtant pu voir et surtout approfondir qu'une faible partie de ce qui méritait une sérieuse attention. Nous en concluons que les jurys n'ont pu faire autrement, eux qui n'avaient que trois jours pour accomplir leurs travaux, que de commettre des erreurs et des oublis. Faut-il, ajoute M. Barral, s'en amuser et s'en réjouir gracieusement, comme ont fait certains écrivains ? Il nous paraît plus sage de demander seulement que, dans les prochaines solennités de ce genre, le programme permette un examen peu approfondi. Nous joindrons volontiers notre voix à celle du directeur du *Journal d'agriculture pratique*, pour réclamer de grandes modifications dans le programme actuel du concours.

En nommant des juges très-nombreux, et en établissant parmi les membres appelés à en faire partie autant de sections qu'il y aurait pour ainsi

dire d'espèces d'instruments, on arriverait sans
doute, à l'aide de cette division du travail, à ne
plus commettre que de rares erreurs ; mais il
serait difficile de trouver, dans toutes les localités
où se font des concours, un nombre suffisant
d'hommes capables pour bien remplir les fonctions
de juré. D'ailleurs, le public doit être appelé, selon
nous, à assister à toutes les expériences ; et comment pourrait-il assister aux travaux des diverses
sections ? Serait-il préférable de prolonger la
durée des concours ? Dans l'état actuel, le temps
accordé aux agriculteurs pour étudier tous les
objets qui figurent dans les concours régionaux
est évidemment trop limité ; trois ou quatre
jours au plus sont réservés aux visites du public,
et, pendant ce court espace de temps, la foule est
si considérable, qu'il est difficile d'examiner avec
soin les objets qu'on aurait le plus d'intérêt à
étudier avec calme et réflexion. On pourrait sans
douter prolonger, sans inconvénients, la durée
du concours, au moins pour ce qui concerne
l'exposition des instruments ; mais les animaux
ne sauraient être éloignés trop longtemps de
leurs étables ou de leurs pâturages habituels
sans qu'il en résultât un préjudice notable pour
leur santé. Il est donc préférable, selon nous,
de faire des concours spéciaux, tantôt pour les
animaux, tantôt pour les machines à battre,
pour des charrues, pour les moissonneuses, pour
les faucheuses, etc. Nous voudrions que les grands
concours généraux, dans le genre de celui qui
vient d'avoir lieu à Paris, ne se renouvelassent que
de loin en loin, chaque cinq ans ou chaque dix ans,
par exemple. On établirait alors, pour ainsi dire,
le bilan de l'agriculture à chacune de ces époques ;
on indiquerait quels sont les progrès définitive-

ment réalisés, et l'on montrerait en outre quelles sont les lacunes qu'il importerait le plus de combler.

Encore un mot sur le concours. Toute la presse agricole a été unanime pour constater la précipitation avec laquelle se faisaient généralement les opérations des jurys chargés de décerner des récompenses aux instruments et aux produits agricoles. M. le marquis de l'Espine, président de la Société d'agriculture et d'horticulture de Vaucluse et l'un des délégués de cette société au concours régional de Montpellier, a signalé quelques améliorations qui pourraient être apportées à ces concours.

1° Le jury, dit-il, passe devant les instruments et les machines. On répondra qu'il est impossible de les essayer toutes ; mais il y a un moyen de tout concilier : le concours régional a lieu par exemple à Avignon, on y essayera les instruments et machines propres à la garance, surtout les défonceuses. A-t-il lieu à Montpellier, on essayera tous les instruments qui ont rapport à la culture de la vigne, et les machines propres aux alcools, etc. ; de sorte que lorsque les concours régionaux auraient eu lieu dans tous les départements, on finirait par connaître les instruments et les machines les plus utiles et les meilleures pour chaque culture. De plus, le jury, jusqu'à aujourd'hui ne fait aucun rapport, ce qui serait cependant d'une grande utilité, puisque ce rapport ferait connaître pour quel motif tel instrument est supérieur à tel autre, la différence et l'utilité de chacun d'eux, leurs avantages et leurs inconvénients, le terrain où ils fonctionnent le mieux, etc., etc.

2° Les délégués des sociétés d'agriculture et

d'horticulture envoyés à ces concours devraient avoir le droit d'y assister, pour voir fonctionner les machines ; les délégués des sociétés agricoles étant les seuls aujourd'hui à faire des rapports, en l'absence de rapports officiels du jury.

5° La durée des concours est trop courte pour permettre de bien examiner en détail les objets exposés, et pour essayer les instruments et les machines.

Ces observations nous paraissent fondées, et nous avons été heureux d'apprendre qu'elles seraient transmises à S. E. M. le ministre de l'agriculture, du commerce et des travaux publics, par l'intermédiaire et l'appui de M. le préfet de Vaucluse.

La campagne séricicole est actuellement terminée, et, si les quantités de cocons récoltées ne sont guère supérieures à celles de l'année dernière, il ne s'en est pas moins produit un fait de la plus haute importance : à savoir la réussite de plusieurs graines indigènes. Des graines faites avec le plus grand soin dans les Pyrénées-Orientales, dans le Lot et dans quelques autres départements de la France, ont fourni cette année des vers à soie vigoureux, comme dans les plus beaux temps de la sériciculture. N'est-ce pas là une preuve assez certaine de la décroissance de l'épidémie qui exerce depuis plusieurs années de si cruels ravages dans toutes les chambrées ? Les éducateurs doivent comprendre que le temps est venu pour eux de se délivrer du lourd tribut qu'ils étaient obligés de payer à l'étranger. Ils doivent chercher à faire eux-mêmes leurs grai-

nes en se livrant, à cet effet, à de petites éducations spéciales, et en recourant au procédé si rationnel de M. Mitifiot, relatif à la séparation des
pontes. Toutes ou presque toutes les localités où
s'approvisionnait le commerce de graines sont
actuellement envahies par la pébrine; il serait
donc bien difficile d'être assuré à l'avance que
les graines dont on se pourvoirait à l'étranger ne
seraient pas infectées. La réussite de quelques
graines indigènes est cette année un fait certain,
qui doit faire concevoir aux magnaniers les plus
grandes espérances pour l'avenir de leur industrie.

La Société d'agriculture et d'horticulture de
Vaucluse, qui ne date que de quelques années,
a su conquérir une place fort honorable parmi
les sociétés agricoles, par suite des principes li-
béraux qui ont présidé à la confection de son
règlement. Au lieu de limiter le nombre de ses
membres, comme avaient cru devoir le faire plusieurs sociétés, elle a admis dans son sein toutes
les personnes qui désiraient participer à ses travaux. Ce grand nombre d'adhérents fait aujour-
d'hui la force de cette Société, car les membres
qui la composent savent lui fournir les ressources matérielles dont elle peut avoir besoin pour
mener une entreprise quelconque à bonne fin.

Depuis plusieurs années, les éducateurs de vers
à soie sont obligés de recourir aux graines étrangères, car, sauf quelques très-rares exceptions, les
graines indigènes ne donnaient plus naissance
qu'à des vers portant le germe de la pébrine. Le
commerce de graines qui s'est établi pour sub-

venir à l'insuffisance et à la mauvaise qualité de celles de pays a sans doute rendu de grands services dans une foule de cas; mais, à côté du commerce honnête et loyal, nous avons vu une foule de spéculateurs sans vergogne qui n'ont pas craint de contribuer à la ruine de nos contrées séricicoles, en répandant à profusion des œufs de toute provenance, qu'ils savaient positivement infectés. On comprend combien il importait aux sériciculteurs de pouvoir se procurer à l'avance quelques données sur la qualité des graines qui devaient servir à leurs éducations. C'est pour arriver à ce but qu'on a eu recours aux éducations précoces. MM. Meynard, à Valréas ; MM. Jouve, Chabaud et Méritan, à Cavaillon ; le comice agricole du Vigan, à Saint-Hippolyte, ont cherché à faire connaître aux éducateurs le mérite ou la mauvaise qualité de plusieurs lots de graines, en élevant les vers avant l'époque habituelle de la mise à l'éclosion. Ces établissements ont rendu sans doute quelques services; ils sont appelés à en rendre de plus grands encore lorsqu'ils se trouveront dans des conditions d'indépendance qui ne permettront pas de suspecter leurs intentions. C'est ce qu'a très bien compris la Société d'agriculture et d'horticulture de Vaucluse, lorsqu'elle a résolu de créer à Avignon un établissement public d'essai de graines de vers à soie. Des souscriptions qui s'élèvent à plus de seize mille francs ont déjà été réalisées, et l'on va s'occuper activement de l'organisation matérielle de cet établissement, qui nous paraît appelé à rendre d'éminents services, surtout si, comme tout porte à le croire, l'État, le conseil général de Vaucluse et le conseil municipal d'Avignon, veulent bien fournir à cette institution, si nécessaire et d'une utilité si évidente, l'appui moral et financier dont elle a besoin.

Voilà déjà bien des années, dit M. Henri Paul dans l'*Organe public*, que les mauvaises récoltes de cocons mettent en souffrance les intérêts du pays. Et ce ne sont pas les cultivateurs seuls qui ont à se plaindre de ces mauvaises récoltes : toute la population, depuis le plus riche négociant jusqu'au plus humble industriel, se ressent du malaise général qui en résulte, suivant la proportion décroissante des fortunes. Il n'est pas besoin, pour démontrer ce fait, qui n'est que trop évident, d'aller chercher bien loin de grandes considérations économiques ; il parle assez haut par lui-même.

Les éducations précoces seules sont susceptibles de remédier efficacement à cet état déplorable de choses. Des sériciculteurs habiles, parmi lesquels nous citerons M. Marius Meynard, de Valréas, et MM. Jouve, Chabaud et Méritan, de Cavaillon, l'ont bien compris, et ont déjà rendu de grands services.

Malheureusement leur position de négociants de graines les place sous le coup de soupçons incessants qu'ils ne sauraient éviter, en dépit de toutes leurs loyales intentions, et qui tendent à écarter d'eux la confiance publique, en amoindrissant ainsi les heureux résultats qu'ils seraient en droit d'attendre.

Pour que les éducations d'essai soient réellement utiles et profitables au pays, il est nécessaire qu'elles obtiennent la confiance aveugle du public. — Il faut donc non-seulement qu'elles soient créées dans une indépendance complète de tout commerce, mais encore qu'elles soient mises, par leur mode d'existence, à l'abri de

tient, au bout de longues années, en laissant sé-
journer ces produits dans les meilleures caves.
On prétend même que cette maturation rapide
conserve aux eaux-de-vie et aux vins à la fois
plus d'énergie et plus de bouquet que la maturation lente.

» Les principes sur lesquels repose cette découverte sont les suivants :

» L'inventeur, qui habite la montagne, a remarqué, comme tout le monde, que les vins et
eaux-de-vie, particulièrement en pièces, vieillis-
sent d'autant plus vite qu'on les transporte dans
des caves situées dans des régions de plus en plus
élevées au-dessus du niveau de la mer. Il en a
conclu que ce *vieillissement* provient de l'abais-
sement de la pression atmosphérique, qui est
d'autant plus considérable que la hauteur est
plus grande.

» Ce principe admis, il suffit, pour obtenir ce
vieillissement, de renfermer les liquides dans
des vases fermés, dont les parois soient légèrement poreuses, et permettent la transsudation et
l'endosmose, comme le sont, par exemple, les
barriques ordinaires, puis de renfermer ces barriques fermées dans une enceinte aussi fermée,
dans laquelle on puisse diminuer la pression atmosphérique, au moyen d'une pompe à air de
forme quelconque.

» Les liquides vieilliront d'autant plus rapidement que la pression atmosphérique sera plus
diminuée dans l'enceinte ; on peut donc opérer
sur les vins et eaux-de-vie en pièces, tels qu'ils
sont conservés, et il suffit de rendre les caves peu
accessibles à l'air, et de leur permettre, par un
doublage convenable, de supporter un vide d'une
demi-atmosphère, pour obtenir un vieillissement

complet, dont le terme varie, du reste, avec la nature et la composition des vins soumis à l'expérience. »

Le bulletin du mois d'août de la Société d'agriculture du département de l'Ardèche contient un extrait du rapport de M. le préfet de ce département au conseil général, dans lequel ce haut fonctionnaire fait connaître les résultats de l'enquête qui a été faite cette année même pour apprécier les résultats de la récolte des cocons. Des renseignements avaient été demandés à 220 communes qui produisent de la soie ; 118 seulement répondirent aux questions qui leur avaient été adressées. Les résultats de l'enquête méritent de fixer l'attention de nos lecteurs.

Dans les 118 localités dont il s'agit, il a été récolté 848,124 kil. de cocons, qui ont été produits par 84,068 onces de graines.

La moyenne de rendement, qui avait été de 6 kil. 319 par once en 1858, et de 9 kil. 620 en 1859, s'est élevée, cette année, à 10 kil. 088.

Il y a donc eu une amélioration notable dans le produit de la graine.

Toutefois, il y a loin encore, dit M. le préfet de l'Ardèche, de la moyenne de 10 kil. à celle de 20 à 27 kil., qui était autrefois le rendement des récoltes ordinaires. Il a fallu, pour atteindre les chiffres de cette année, mettre à l'éclosion une quantité de graines beaucoup plus considérable que celle qui était autrefois employée.

Dans les 118 communes dont nous parlons, 68,709 onces de graines produisaient autrefois

1,759,729 kil., tandis que cette année 84,608 onces n'ont produit que 848,124 kil. En temps ordinaire, cette même quantité (84,068 onces) aurait produit 2,128,622 kil.

Il résulte de ces observations que la récolte de 1860, qui, au premier abord, paraît être la moitié d'une récolte ordinaire, n'en est guère encore que le tiers. C'est dans les détails de la production de chaque commune, plutôt que dans l'ensemble, qu'il faut rechercher l'amélioration qui s'est manifestée.

Jusqu'à présent, en effet, la récolte avait été partout, soit médiocre, soit nulle. Pour la première fois, le bien et le très-bien se produisent en face du mal. Plusieurs communes mentionnent des rendements de 18, 12, 40, 27, 15, 35 kil. par once; une cinquantaine ont eu les deux tiers d'une récolte ordinaire, tandis que dans certaines localités la récolte a été à peu près nulle.

L'épidémie, ajoute le rapport, tend de plus en plus à se circonscrire. Signalée partout, à l'apogée du fléau, en 1858, et dans les deux tiers des communes l'année suivante, elle n'en atteint plus en 1860, qu'environ la moitié.

M. le préfet de l'Ardèche croit que la plupart des insuccès doivent être surtout attribués à la qualité détestable des graines fournies par le commerce. Jamais, dit-il, les fraudes commerciales de la semence n'ont été pratiquées avec plus de cynisme. Des chambrées formées avec de la graine prétendue identique ont donné des cocons de toutes les formes, de toutes les couleurs, de toutes les races. Ces mélanges indignes se vendaient de 12 à 15 francs l'once.

On a vu réussir cette année, dans l'Ardèche,

plusieurs graines faites dans le pays, ce qui fait espérer qu'au fur et à mesure de la disparition de la gattine, les graines nécessaires à la production indigène pourront être fabriquées dans le pays.

M. le préfet de l'Ardèche désirait qu'en attendant l'époque où l'on n'aura plus besoin de recourir à l'étranger pour se procurer des graines, on fondât à Privas un établissement d'essai de graines, ainsi qu'il en existe déjà plusieurs dans d'autres localités. Il termine la partie si intéressante de son rapport relative à la sériciculture, en appelant l'attention du conseil sur une mesure simple, d'une exécution facile, qui a été proposée par M. Nicod, président du conseil des prud'hommes d'Annonay. Ce sériciculteur distingué demande que, pour combattre les fraudes commerciales, le gouvernement interdise l'introduction de toute graine étrangère qui ne serait pas accompagnée d'un échantillon des cocons qu'elle doit produire. La moitié de cet échantillon resterait déposée au tribunal de commerce du lieu d'introduction ; on fournirait ainsi à l'éducateur trompé le moyen de poursuivre la fraude. Une pareille mesure, si elle était adoptée, rendrait, à coup sûr, beaucoup plus circonspects MM. les marchands de graines.

L'Institut de Genève (classe d'agriculture) s'est occupé récemment de la question si importante du *livret agricole*. Nous avons déjà traité ce sujet dans le *Bulletin de la Société centrale d'agriculture de l'Hérault*, et, malgré les objections qui nous furent présentées par un de nos honorables collègues et amis, M. Pomier-Layrargues, nous persistons à penser que le gouvernement rendrait un grand service à l'agriculture s'il rendait obligatoire le livret pour les agents ruraux.

Il existe, dans le canton de Vaud, une excellente loi sur la police des domestiques (15 mai 1825). Cette loi paraîtra sans doute très-sévère à quelques-uns de nos lecteurs ; mais elle n'en rend pas moins d'éminents services dans les cantons où elle est en vigueur. Voici les principaux articles de cette loi :

Art. 10. Après le premier engagement, le domestique qui veut en contracter de subséquents est tenu de présenter, à la personne chez laquelle il veut s'engager, un billet de congé de son maître.

Art. 21. Est puni d'une amende de 4 à 40 fr. le domestique qui s'engage sans présenter le billet de congé mentionné à l'art. 10 ; celui qui (sans aucun des motifs prévus à l'art. 58) refuse de continuer son service.

Art. 44. Est puni d'une amende de 20 à 40 fr. le maître qui n'exige pas préalablement au contrat le billet de congé, lorsque le domestique est en service.

Art. 45. Est puni d'une amende de 50 à 100 francs le maître convaincu d'avoir, par divers compromis, engagé un domestique à quitter le maître qu'il sert pour l'attirer à son service.

Une loi semblable, sur la police des domestiques, peut, sans doute, dispenser de l'adoption du livret agricole ; mais, en son absence, ne convient-il pas de mettre un frein à la mauvaise foi d'un trop grand nombre d'agents ruraux, en recourant au livret, dont le but principal, ainsi que le définit le Comice agricole de Saint-Quentin, est de répartir les gages entre les divers mois de manière à proportionner le loyer

mensuel à l'importance des travaux de chacune
des douze périodes de l'année. L'attribution à
chaque mois d'une fraction du salaire propor·
tionnée à l'importance de la besogne est non·
seulement une chose équitable, mais a encore
pour effet d'amener le maître et le domestique à
rester fidèles à leur contrat de louage pendant
le temps convenu.

L'adoption du livret agricole aurait le grand
avantage de supprimer toutes les contestations si fréquentes entre maîtres et domestiques
au sujet des salaires. Le livret de l'agent rural
contiendrait en effet les conditions de l'engagement, les à-compte et payements effectués, de
telle sorte que les oublis, les malentendus et
autres erreurs deviendraient impossibles.

Quant au mode de répartition du gage du domestique entre les divers mois de l'année, on
comprend qu'il ne saurait être le même pour
tous les pays. Chaque localité adopterait un règlement en rapport avec ses travaux mensuels.

Nous ne comprenons pas trop les scrupules de
certaines personnes qui, tout en admettant l'utilité du livret agricole, ne veulent pas que celui-
ci soit rendu obligatoire par une loi. Nous ne
voyons pas pourquoi les ouvriers ou domestiques
employés chez les cultivateurs ne seraient pas
soumis aux mêmes obligations que les ouvriers
de l'industrie.

M. le baron Michel, préfet de l'Yonne, vient
d'adresser, au sujet des livrets agricoles, une
circulaire que nous sommes heureux de reproduire :

« La loi qui a fait du livret une obligation pour
les ouvriers de l'industrie n'a pas soumis à la

même condition les ouvriers ou domestiques employés chez les cultivateurs. Il en résulte que beaucoup d'entre eux signifient brusquement leur départ aux maîtres qu'ils servent, et cela dans le moment où ils savent que leur remplacement immédiat est à peu près impossible.

» D'un autre côté, faute d'un livret, le taux du salaire est fréquemment un sujet de procès entre le maître et le domestique.

» Frappée de ces inconvénients, la Société centrale d'agriculture de l'Yonne, après avoir étudié avec soin les usages particuliers de ce département, a arrêté la rédaction d'un *livret de ferme facultatif*, contenant un tarif approprié aux habitudes et aux besoins du pays; par une délibération formelle, elle a décidé qu'elle ferait de son usage une des conditions à exiger, à partir de 1861, des serviteurs ruraux qui voudraient participer à ses récompenses.

» Après avoir examiné un livret, je me suis convaincu que son adoption mettrait un terme aux difficultés qui, trop souvent, divisent les maîtres et les serviteurs, et rendrait par conséquent, à tous, un service essentiel.

» Je n'hésite donc pas, Messieurs, dit en terminant sa circulaire M. le préfet de l'Yonne, à vous recommander le livret dont il s'agit et à vous prier de concourir à en propager l'usage parmi les cultivateurs de votre commune. »

Si toutes les sociétés d'agriculture déclaraient, comme celle de l'Yonne, qu'elles n'admettraient à leurs concours que les agents ruraux munis d'un livret, il est fort probable que l'usage de ce livret deviendrait bientôt général.

Les vendanges ont déjà commencé dans quelques vignobles du Languedoc ; mais ce n'est
guère que vers la fin de ce mois qu'elles seront
en pleine activité dans tout le Midi. L'humidité
et la température froide qui règnent dans le
centre et dans le nord de la France ne permettront pas sans doute aux raisins de mûrir suffisamment dans ces pays pour faire du bon vin. Si
les pluies continuent, il y aura même un grand
nombre de localités où les grappes pourriront
avant de mûrir. Il est donc probable que le
commerce recherchera de préférence les vins les
plus colorés et les plus alcooliques du Midi, pour
les employer à des coupages. On avait vainement
espéré que le beau temps reviendrait avec le
mois de septembre ; ces espérances ne se sont
pas réalisées, et les nouvelles qui nous parvion
nent des vignobles du Nord et de l'Est sont réellement calamiteuses.

Il est certain aujourd'hui, dit le *Languedocien*,
que la récolte est à peu près perdue dans ces
malheureuses régions. Cet état désastreux des
vignobles, ajoute le même journal, prend déci-
dément un caractère d'universalité que chaque
correspondance confirme ; il n'est pas jusqu'aux
Deux-Charentes — où, sans faire des merveilles,
la vigne avait marché jusqu'à ce jour d'une manière convenable — qui ne souffrent cruelle-
ment aujourd'hui des bizarreries de la saison.
A Saintes, à Rochefort et dans toutes ces contrées si abondamment productives, une pluie
froide et continuelle arrête la maturité ; c'est à
peine si l'on aperçoit un commencement de vé-
raison ; aussi est-ce tout au plus si l'on compte

vendanger en octobre, et obtenir un vin propre à la boisson; il est des points où, malgré la verdeur du fruit, la pourriture fait d'effrayants progrès.

Nous espérons qu'en présence des éventualités actuelles, les propriétaires du Midi reconnaîtront la nécessité de faire des vins colorés et alcooliques, et qu'ils renonceront à l'usage déplorable de *mouiller leurs vins,* qui ne s'est que trop répandu pendant les années de disette que nous avons traversées.

15 septembre 1860.

IX

Sommaire. — Du sucrage des vins trop verts. — Nouveau procédé de M. Edmond Pésier pour la fabrication du sucre. — Désinfection des alcools de toute provenance par le procédé de M. Pongowski, de Liége.

Tous les journaux d'agriculture qui se publient à Paris où dans le nord de la France s'occupent de la question de l'amélioration des vins par le sucrage. Grâce à la beauté de notre climat, nous n'avons jamais besoin, dans le Midi, de recourir à des moyens chimiques pour confectionner nos vins, et, quoique l'été de 1860 puisse être compté parmi les plus froids dont on ait gardé le souvenir, la maturité des raisins n'a guère été retardée que d'une quinzaine de jours et nos vignerons ont pu enfermer dans leurs tonneaux des vins de bonne qualité.

M. le docteur Guyot pense qu'il est de l'intérêt du producteur et du consommateur de ne pas laisser perdre le jus des raisins mal mûrs ou non mûrs, et qu'il est par conséquent très-légitime de chercher à en tirer parti en lui faisant subir certaines préparations. Il veut seulement que le vin factice soit vendu, non comme grand vin, mais *comme limonade vineuse de 1860*. Je présume trop bien du bon goût des négociants de Bercy pour supposer qu'on puisse jamais leur faire acheter comme *grands vins* des liquides fabriqués par les procédés que M. Guyot fait connaître dans le *Journal d'agriculture pratique*.

Pour transformer en une boisson salutaire et agréable le jus des raisins qui n'ont pas pú mûrir convenablement, il faut, d'après M. le docteur Guyot, outre les frais ordinaires de la vendange, faire pour chaque hectolitre une avance de 10 fr., savoir: 7 kilogrammes 1/2 de sucre des colonies, première sorte, en grain, et 1 kilogramme 1/2 de bon raisin de caisse, en tout 8 kilogrammes à 1 fr. 20 le kilogramme, plus 0 fr. 40 de frais en sus de la manutention ordinaire. Nous n'entrerons pas dans tous les détails assez compliqués de la confection de ces vins factices, car aucun de nos lecteurs, à coup sûr, n'aura besoin d'user de ces procédés.

M. Barral reproduit également dans son journal un article qu'il avait déjà fait paraître dans l'*Opinion nationale*, et qui est intitulé: *les Vendanges, le vin pur et le vin factice*. Il s'élève contre le docteur Gall, de Trèves, qui veut que, dans les mauvaises années, lorsque l'acidité est excessive dans les moûts, on ne se borne pas à mettre du sucre dans la vendange, mais qu'on ajoute, en outre, beaucoup d'eau sur le marc, pour noyer cette acidité. Si vous avez du vin acide, faible en alcool, dit M. Barral, corrigez l'acidité en la neutralisant par de la craie ou carbonate de chaux, qui ôtera au vin son excès de verjus, sans rien y ajouter; mettez en outre, pour augmenter la richesse en alcool, du sucre dissous dans le moût et non pas dans l'eau, et vous aurez résolu le problème d'une bonne fabrication.

Laissons aux propriétaires qui cultivent la vigne sous des climats qui ne conviennent guère à cet arbuste le soin de recourir à des procédés

de fabrication plus ou moins ingénieux. Toute
la science des chimistes ne parviendra jamais à
confectionner des vins semblables à ceux qu'on
obtient naturellement avec des grappes mûries
par un beau soleil. Nous dirons seulement, nous
aussi, avec le docteur Guyot :

O fabricants et marchands de prétendus vins
de France ! jusques à quand vos audacieux et lo-
quaces commis voyageurs feront-ils croire aux
étrangers que vos vins de gamais, de chasselas,
de gouais, de verdillons et de verjus, remontés
par des glucoses, des mélasses et des cassonnades,
sont les vrais et les bons vins de France ! La réponse est déjà faite : L'industrie anglaise vous
en offre de pareils, de meilleurs même, faits avec
des raisins de caisse, des cassonnades et des aci-
des. Il faut donc, si vous voulez continuer à
faire le commerce des vins, que vous fassiez
replanter les fins cépages et que vous attendiez
la vraie maturité de leurs fruits pour reproduire les vins de France, à la fois légers et généreux, inimitables pour l'agrément, incompara-
bles pour l'hygiène du corps et de l'esprit.

Tant qu'on s'obstinera à planter des vignes
dans des régions où les raisins ne peuvent mûrir
que dans des années exceptionnelles, il faut s'attendre à voir reparaître de temps à autre la
question du sucrage. Le sucre peut donc trouver
un débouché important dans la confection des
vins, mais il ne faut pas se dissimuler que cette
denrée, qui peut être considérée comme un objet de première nécessité, se vend actuellement
à des prix trop élevés pour qu'on puisse l'employer à tous les usages auxquels elle convient.
Les droits qui pèsent sur les sucres ont été, il
est vrai, diminués depuis peu ; d'autres dégrève-

ments auront sans doute lieu par la suite; mais, pour que les sucres soient réellement un jour à bon marché, il faudrait avant tout trouver des moyens de fabrication plus économiques, qui permissent d'augmenter les rendements actuels et de diminuer les frais. Le procédé de M. Edmond Pésier, de Valenciennes, paraît appelé à résoudre l'important problème de la fabrication du sucre à bon marché. C'est du moins l'opinion de M. A. de Lavalette, qui consacre à l'examen de ce procédé un article très-intéressant, que nous allons reproduire en grande partie.

Le sucre, dit M. de Lavalette dans le *Moniteur du commerce*, provient de la canne et de la betterave. Pour l'obtenir, on broie l'un et l'autre de ces produits, on les soumet alors à une forte pression, ce qui donne un liquide d'où le sucre est extrait et qui renferme en même temps des matières colorées, amères, astringentes. Le jus des betteraves est beaucoup plus chargé de ces matières que celui de la canne, qui fournirait au besoin, du premier jet, une bonne cassonnade.

Lorsque le jus de la betterave est extrait, il subit d'abord, au moyen de la chaux, une opération que l'on appelle la *défécation*; puis on le fait passer à travers des filtres remplis de noir animal, fabriqué avec des os brûlés et carbonisés; de cette façon disparaissent les matières colorées et amères; on fait ensuite cuire ce jus clarifié, jusqu'à ce qu'il soit devenu un peu épais ; on le laisse refroidir, et il se forme des cristaux de sucre du premier jet; on remet à la cuisson l'eau qui reste, et l'on obtient de nouveaux cristaux moins beaux que les premiers, formant le sucre de deuxième jet. Pour que ce sucre devienne mangeable, il faut encore le raffiner , ce qui est une nécessité , tandis que le sucre provenant de la canne pourrait, au besoin, se passer de cette opération.

M. Pésier supprime le noir animal et le remplace par l'alcool ; voici, d'ailleurs, comment il procède :

Il prend une partie de jus déféqué, trois parties d'alcool, et mélange le tout ensemble. L'alcool précipite les matières colorées, astringentes, et agit avec plus d'énergie que le noir animal. Lorsque le dépôt est formé au fond du vase, on décante, puis on fait cuire le jus et l'alcool mélangé dans un appareil à distillation ; l'alcool , très-volatil de sa nature, se vaporise ; il se condense et ne subit ainsi qu'une perte très-faible, de telle sorte qu'il peut être de nouveau employé pour la même fabrication ; quant au jus de betterave, il est soumis à la cristallisation, comme dans le procédé ordinaire, et donne de magnifique sucre fine quatrième, auquel on pourrait , au besoin, se dispenser de faire subir l'opération coûteuse du raffinage.

Dans une sucrerie où l'on traite 5 millions de kilogrammes de betteraves par an, on doit employer environ 150 francs de noir animal par jour. M. Pésier pense que, pour traiter la même quantité à l'alcool, la perte ne s'élèverait pas au-delà de 35 à 40 fr.; c'est là déjà un très-grand avantage. Il paraît aussi que le rendement du sucre de premier jet peut être évalué à 1 p. % de plus, et celui du deuxième jet à 4 p. %; ce serait donc une différence d'environ 5 p. % de plus de rendement en faveur du système Pésier.

D'un autre côté, il est très-avantageux de produire du premier jet une cassonnade propre à entrer directement dans la consommation et d'un prix beaucoup moins élevé, de telle sorte que le fabricant de sucre indigène pourra se dispenser d'avoir recours au raffineur, intermédiaire qui pèse passablement sur le consommateur et sur le producteur.

Avec le nouveau système de M. Pésier, ajoute M. de Lavalette, n'est-il pas permis d'ailleurs d'entrevoir, dans un avenir prochain, l'établissement de sucreries dans les fermes, comme on l'a déjà fait pour les distilleries? Il serait possible alors d'acheter le sucre à 40 ou 50 centimes la livre; nécessairement la consommation quadruplerait en quelques années; les récoltes de betteraves seraient plus abondantes, les animaux plus nombreux, les engrais moins rares, et, par suite, les cultures mieux soignées et plus productives. Tout s'enchaîne dans l'ordre des idées économiques, et le plus souvent une découverte qui passe d'abord inaperçue produit pour l'avenir des résultats immenses.

Si le procédé de M. Pésier, qui a été déjà expérimenté dans l'usine de M. Hamoir sur 11 millions de betteraves fraîches ou conservées, tient toutes les promesses qu'il a fait concevoir à M. de Lavalette, les alcools trouveront un nouveau et important débouché. Cette question est donc d'un grand intérêt pour le Midi.

Si tous les alcools provenant de la fermentation des liquides sucrés ne sont pas identiques quant au goût et à l'odeur, cela tient à ce que plusieurs d'entre eux tiennent en dissolution des carbures d'hydrogène plus ou moins odorants. On comprend combien il serait avantageux de trouver un moyen simple, facile et économique de désinfecter les alcool de toute provenance. Cette importante question a été étudiée avec soin par un chimiste de Liége, M. Pongowski, qui a su tirer parti, pour résoudre le problème, de la propriété bien connue que possède le charbon d'absorber les gaz et d'être l'agent de désinfection le plus complet.

Le charbon doit être aussi rapproché que possible de la pureté du carbone, et pour cela on le débarrasse, à l'aide de la chaleur, de toute trace de carbure d'hydrogène, de sulfate, etc. On le concasse ensuite en morceaux de 5 à 8 centimètres environ, et on le place dans des cylindres dépurateurs.

L'alcool, dit M. de Lavalette, doué de la propriété de se volatiliser, à pression égale, à une température moindre que les carbures d'hydrogène odorant, s'élève en vapeur mélangée de ceux de ces principes qu'il tient en dissolution. Si l'on fait traverser à un mélange gazeux les colonnes d'un système dépurateur remplies de charbon, ce dernier corps absorbera le gaz et l'alcool, sous la pression d'un courant de vapeur alcoolique plus ou moins impure, et abandonnera seul l'alcool, en y laissant les autres produit gazéifiés, jusqu'à ce que la capacité de saturation du charbon soit équilibrée.

Il résulte de ces expériences que :

1° Un volume de charbon désinfecte une valeur égale d'alcool, à très-peu de chose près ;

2° La désinfection est d'autant plus complète, que la vapeur alcoolique traverse plus lentement le volume donné du corps désinfectant.

Pour atteindre ce dernier résultat, on donne

toute suspicion. Alors, en effet, les négociants honnêtes — ceux qui ne cherchent pas à dépouiller sans honte ni vergogne les pauvres cultivateurs — viendront franchement et sans arrière-pensée soumettre leurs graines aux essais précoces. — Ils ne les livreront ensuite au commerce qu'autant qu'elles auront été jugées aptes à fournir une récolte suffisante. — De son côté, le cultivateur, convaincu que les graines qu'il achète sous le cachet de l'établissement d'essai offrent les plus grandes chances de réussite, ne jettera plus son argent à des semences stériles et ruineuses pour lui.

La Société d'agriculture est placée dans les meilleures conditions pour atteindre ce premier résultat si désirable, et son institution est appelée à apporter au pays un grand nombre d'autres bienfaits. — Comment, en effet, une société libre, indépendante, accessible à tous, et placée sous la protection d'une administration sage, éclairée, et qui ne désire que le bien-être général, comment une telle société pourrait-elle être soupçonnée? Qui lui refuserait sa confiance, lorsque chacun de ses nombreux membres peut lui demander compte de ses actes?

Personne assurément, et la preuve, c'est qu'à peine l'idée de l'établissement d'une condition de graines de vers à soie à Avignon était-elle émise, qu'une longue liste de souscription s'est trouvée rapidement couverte de noms recueillis, dans la ville et aux environs, parmi toutes les classes aisées.

Arrêter l'avortement funeste des récoltes de cocons n'est pas, nous l'avons déjà dit, le seul but que poursuit la Société d'agriculture.

Elle veut aussi mettre tous ses efforts et tous

les moyens en son pouvoir à régénérer le grainage français.

Qui serait à même de réussir mieux qu'elle dans cette tentative? Ayant sous la main des graines de vers à soie de toutes sortes et de toutes provenances, les soumettant toutes à des expérimentations et à des études sérieuses et méthodiques, elle doit nécessairement rencontrer, au bout d'un laps de temps plus ou moins long, soit la qualité de graines qui convient le mieux à nos contrées séricicoles, soit la meilleure marche à suivre pour les opérations de grainage.

Et si, comme tout porte à le croire, elle arrive heureusement à ses fins, notre société agricole de Vaucluse aura eu l'honneur et la gloire de fixer en France le commerce des graines de vers à soie, de conserver à notre pays le tribut onéreux de seize millions qu'il paye annuellement à l'étranger.

Nous sommes heureux de contribuer à faire connaître la pensée généreuse qui a animé la Société d'agriculture de Vaucluse, lorsqu'elle a résolu de fonder un établissement public d'essai de graines de vers à soie. Nous suivrons ses travaux avec le plus vif intérêt, car nous sommes persuadé qu'ils contribueront puissamment à moraliser le commerce des graines, qui, sauf quelques honorables exceptions, a été plus préjudiciable qu'utile à la sériciculture.

21 juillet 1860.

VII

L'été de 1860, si toutefois on peut appeler un été la saison actuelle, occasionné aux agriculteurs de fâcheuses préoccupations. Les récoltes des céréales paraissent sérieusement compromises dans plusieurs départements du Nord ; les pluies continuelles et la basse température qui règnent depuis plusieurs mois ne permettent pas aux blés de mûrir, et il serait fort possible qu'en Angleterre et dans le Nord de l'Europe on ne pût pas moissonner, si la fin du mois d'août ne nous ramène pas la chaleur si impatiemment et si vainement attendue. Dans le centre de la France et dans les environs de Paris, les blés sont coupés et mis en javelles ; mais, si la pluie persiste, il sera impossible de les enfermer dans les granges. Dans plusieurs localités, les grains commencent à germer, et, si le beau temps ne revient pas, il est à craindre que cette année ne soit aussi désastreuse que celle de 1817, où la plupart des blés germèrent en javelles.

L'humidité constante de la température a été peu favorable à la vigne ; elle a provoqué la coulure dans un grand nombre de vignobles, et,

S'il faut en croire les derniers renseignements qui nous parviennent de la Côte-d'Or, les gamays commencent à pourrir. Il est à peu près certain aujourd'hui que la qualité des vins du Nord sera plus que médiocre cette année.

Nous lisons dans le *Vigneron* du 15 août : « D'un côté, on paraît très-rassuré (sur la prochaine récolte de vin); de l'autre, on est complétement désespéré. Toutefois, de l'ensemble des communications qui nous sont transmises, il résulte que les prochaines vendanges laisseront beaucoup à désirer sous le rapport de la qualité et même de la quantité. Il est fort douteux que, dans le Centre, le Nord et une partie de l'Est, les raisins puissent mûrir suffisamment, à moins que le beau temps et le soleil, ramenés par la lune du mois d'août, n'opèrent des miracles. Comptons sur leur propice intervention, mais n'y comptons pas trop, et considérons la récolte de 1860 comme très-aventurée dans la moitié de nos vignobles. »

Un autre organe important de la production et du commerce des boissons et spiritueux, le *Moniteur vinicole*, apprécie ainsi la situation :

« Il est un vieux proverbe en crédit chez nos vignerons :

> Si la pluie des 15 et 24 août continue,
> D'autant la vendange diminue.

« Malheureusement, cette année, la pluie persistante ne date pas seulement du 15 août; nous subissons depuis le mois de juin son action, d'autant plus pernicieuse qu'elle est accompagnée de froids. Néanmoins, les versions les plus contradictoires continuent à se propager sur l'état et le rendement probables de la future récolte. Ces opinions erronées, même alors qu'elles sont complètement désintéressées—et elles ne le sont pas toujours—causent de graves préjudices, car elles paralysent le commerce et, en entretenant des espérances irréalisables, préparent de regrettables déceptions.

» Cet état de choses provient de l'ignorance où l'on est, en général, du véritable état de nos récoltes. On ne saurait se figurer à quel point en France, ce pays viticole par excellence , les conditions les plus élémentaires d'une végétation favorable à la vigne sont inconnues, et, ce qui est pire, sont méconnues. Chaque jour, depuis plus de deux mois, hélas! n'entendons-nous pas proposer et publier des hérésies aussi grossières que celle-ci : La pluie persiste, tant mieux ; cela mûrit le raisin?—Oui, sans doute, la pluie mûrit le raisin ; mais c'est quand le raisin a traversé cinq ou six semaines de sécheresse, autrement la pluie arrête sa maturation et le fait pourrir.

» Survient-il un chaud rayon de soleil entre deux averses : Quel bonheur ! s'écrie-t-on , cela va avancer la maturité ! — Les malheureux ! qui ne savent pas que la maturité s'obtient le mieux par des temps couverts , et que ces chauds rayonnements menacent de coups de soleil, c'est-à-dire de mort, les grains qu'ils atteignent.

» N'entendons-nous pas dire encore, et, ce qui est plus grave, ne lisons-nous pas dans des feuilles où l'on va puiser une opinion sur la récolte :— Les vignes sont magnifiques , elles étalent des pampres luxuriants et une verdure qui réjouissent le regard ! — Assurément, mais c'est le regard de ceux qui ignorent que le pampre ne se nourrit jamais qu'au détriment de la grappe.

» Voilà pourtant comment se forme l'opinion

qui, en éternisant l'espoir d'une baisse impossible, arrête la demande de la consommation et devient pour les transactions une cause incessante d'obstacles.

» Cependant la température la plus défavorable, et dans certaines contrées vraiment désastreuse, persiste. On ne peut encore prévoir quelle influence elle exercera sur le rendement de la récolte ; mais, dès à présent, il est permis de préjuger sa qualité, qui ne saurait être que médiocre. »

Il résulte des appréciations que nous venons de faire connaître sur la future récolte, qu'on a tout lieu de craindre que les vins de 1860 ne soient de qualité inférieure et qu'il serait même possible, si la température ne s'élevait pas sensiblement à le fin d'août et en septembre, que la maturité des raisins ne pût pas avoir lieu dans un grand nombre de vignobles du centre, du nord et de l'est de la France. Dans le Midi, la vendange pourra bien être retardée d'une quinzaine de jours, mais les vignerons de ces pays privilégiés verront toujours mûrir leurs raisins, et les vins qu'ils produisent seront sans doute fort recherchés dans le Nord, pour être employés en coupages.

A l'époque du concours régional de Montpellier, quelques expériences furent faites pour juger de la valeur relative de diverses machines à faucher. Un public assez nombreux s'était rendu sur le champ où devait avoir lieu l'essai des faucheuses ; mais nous devons avouer que les machines qui furent appelées à fonctionner sur une jeune luzerne firent un travail des plus médiocres. La faucheuse Allen et celle de M. Mazier, qui subirent dans cette circonstance un si rude échec, ne pouvaient pourtant pas être responsables de l'inexpérience des personnes qui avaient été chargées de les faire manœuvrer, d'autant que déjà, dans plusieurs autres concours, elles avaient obtenu, à juste titre, les récompenses les plus flatteuses et les plus méritées.

Un concours international de faucheuses a eu lieu cette année à Paris, pendant la durée du grand concours général et national d'agriculture. L'essai d'un grand nombre de ces machines fut fait sur la ferme impériale de Vincennes, dans les journées du 17 au 21 juin. Les expériences eurent d'abord lieu devant quelques spectateurs seulement, et plus tard, durant deux journées entières, en présence d'un public très-nombreux. Nous n'avons pas l'intention de rendre compte de ce brillant concours; qu'il nous suffise de dire que tous les agriculteurs qui purent assister à ces expériences se retirèrent convaincus que le problème de la fauchaison mécanique était définitivement résolu. Nous allons donner la liste des récompenses décernées par le jury, afin de signaler à nos lecteurs les machines à faucher qui ont été déclarées les plus parfaites.

FAUCHEUSES.

Prix d'honneur : Médaille d'or grand module, M. Peltier, rue des Marais-St-Martin, 45, à Paris, pour une machine du système Wood.

Étrangères. — 1er prix : M. Peltier, pour le

système Wood ; — 2e prix, MM. Burgess et Key, à Londres, pour une machine du système Allen ; — 3e prix : MM. Brigham et Richeston, à Berwick.

Hors section. — Médaille d'or : MM. Claudon et Ce, à Clermont (Oise), pour une machine du système Wood. — Médaille d'argent : M. Piedneu, à Dieppe (Seine-Inférieure), pour une machine du système Allen.

Françaises. — 1er prix : M. Mazier, à Laigle (Orne) ; — 2e prix : M. Legendre, à Saint-Jean-d'Angély (Charente-Inférieure) ; 3e prix, MM. Roberts et Ce, rue Neuve-des-Capucines, 4, à Paris.

Des expériences furent également faites pour juger du mérite des faneuses et des râteaux à cheval. Ces instruments sont aujourd'hui très-répandus, et personne ne conteste les grands avantages qui résultent de leur emploi, au point de vue de l'économie de la main-d'œuvre et de la perfection du travail. Voici les prix décernés :

FANEUSES.

Etrangères. — 1er prix : MM. Ashby et Ce, à Stamford (Lincolnshire, Angleterre) ; — 2e prix : M. Ganneron, quai de Billy, à Paris, pour une faneuse du système Nicholson ; — 3e prix : MM. Claudon et Ce, pour une faneuse du système Samuelson.

Françaises. — Pas de prix décernés.

RATEAUX A CHEVAL.

Etrangers. — Médaille d'argent : MM. Clubb et Smith, rue Fénelon, 9, à Paris. — Médaille d'argent : M. Gannéron, pour un râteau du système Ransomes.

Français — 1er prix : M. Hamoir, à Saultain (Nord) ;—2e prix : M. Pinel, à Etrepagny (Eure), pour un râteau construit par M. Bodin. — Mention honorable : M. Lalher, à Vénézel (Aisne) ;— mention honorable : M. Simphal, à Chouy (Aisne).

Le concours des faucheuses eut lieu, nous l'avons déjà dit, à la fin du mois de juin ; à cette époque, il était impossible de songer à faire fonctionner les moissonneuses. Le concours spécial pour ces sortes de machines fut donc renvoyé au mois de juillet, et voici la liste des prix décernés à la suite des expériences publiques, qui furent faites, d'après M. Grandvoinet, avec un peu trop de précipitation :

MACHINES A MOISSONNER.

Étrangères. — 1er prix, 1,000 fr. et une médaille d'or : à MM. Burgess et Key, pour une machine Mac-Cormick, munie d'hélices destinées à disposer la moisson en andains ;—2e prix, 500 fr. et une médaille d'argent : à M. Cuthbert, pour une machine du système Hussey, perfectionnée de manière à placer la javelle à côté de la piste des chevaux ; — 3e prix, 500 fr. et une médaille de bronze : à M. Cranston, pour une machine du système américain de Wood. — Mention honorable à M. Roberts, pour une machine du système Manny, qu'il a perfectionnée.

Françaises. — 1er prix, 1,000 fr. et une médaille d'or : à M. Mazier, de Laigle (Orne) ; — pas de second prix ; — 3e prix, 500 fr et une mé-

daille de bronze: à M. Legendre, de St-Jean-d'Angély (Charente-Inférieure). — Mention honorable à M. Cournier, de St-Romans (Isère), pour
sa machine faisant la javelle par un mouvement
automatique.

Prix d'honneur, à MM. Burgess et Key, de
Londres.

Récompenses hors classe. — Une médaille
d'or à M. Laurent, de Paris, comme construc-
teur en France et propagateur de la machine de
MM. Burgess et Key ; — une médaille de bronze
et 200 fr. à M. Emile Ruffrey, contre-maître des
ateliers de M. Mazier, pour le concours persé-
vérant et actif qu'il a donné à cet inventeur.

La machine Burgess et Key, construite en
France, coûte 1,062 fr. ; elle fait un très-bon
travail, mais nous la trouvons trop volumineuse.
On évalue à huit hectares par jour le travail
qu'elle peut faire. — La moissonneuse Cuthbert
(système Hussey) ne coûte que 585 fr. La machine Wood est, de toutes celles qui font elles-
mêmes la javelle, celle dont le travail est le plus
irréprochable ; elle coûte 1,050 fr.

La machine Mazier est, sans contredit, la meilleure moissonneuse française ; elle fait trois
hectares et demi par jour, et coûte 800 fr. La
moissonneuse de M. Legendre a bien des défauts,
mais elle a été primée par le jury à cause du
bas prix auquel on peut la livrer. Elle fait environ trois hectares par jour, et ne coûte que
550 fr. La machine Cournier coupe très-bien,
mais elle fait très-imparfaitement la javelle ; son
prix est de 800 fr.

Après les expériences qui ont été faites avec

lès diverses moissonneuses que nous venons de citer, on peut affirmer que désormais la coupe des blés pourra se passer des bras des hommes; mais nous trouvons que tous ces instruments sont encore beaucoup trop compliqués et exigent trop souvent le concours du mécanicien, pour qu'on puisse espérer de les voir admettre dans toutes les exploitations, grandes ou petites.

Tous les journaux agricoles ou politiques se sont souvent permis de critiquer certaines décisions des jurys, dans les divers concours qui ont eu lieu cette année. Nous avons montré que les erreurs étaient inévitables, à cause du peu de temps qui était accordé aux jurys pour apprécier les objets soumis à leur examen. Tout récemment, à Poitiers, une magnifique vache charolaise, appartenant à M. E. Augier, de Vallenay, fut mise hors de concours par le jury, parce qu'elle n'était ni *pleine*, ni *à lait*. M. Augier eut beau protester que sa vache était pleine, le jury maintint sa décision. Le *Journal d'agriculture progressive* publie, dans son numéro du 20 août, une lettre de M. Augier, que nous reproduisons à notre tour :

« Vallenay, par Châteauneuf (Cher), 10 août 1860.

» Monsieur le directeur,

» Dans les premiers jours de juin, votre journal, rendant compte du concours régional de Poitiers, s'est élevé, avec une louable énergie, contre les exposants qui avaient voulu égarer la justice du jury chargé de décerner les récompenses aux bestiaux.

»Deux seules personnes ayant été privées du droit de concourir (et malheureusement j'étais l'une d'elles), j'ai dû prendre pour mon compte la moitié de vos reproches ; si je ne les ai pas repoussés de suite avec la légitime indignation d'un homme outragé, c'est que je voulais attendre un argument sans réplique, un de ces arguments *ad hominem* qui ferment la bouche au contradicteur le plus obstiné.

»Aujourd'hui j'ai l'honneur de vous informer que ma vache charolaise, inscrite au catalogue sous le n° 92 et mise hors concours à Poitiers, *comme n'étant pas pleine,* a fait une belle génisse le 5 août courant, *97 jours après la décision du jury.*

»Cette brave bôte a fait comme ce philosophe devant lequel on niait le mouvement. et qui, pour toute réponse, se contenta de marcher : ses juges affirmaient qu'elle n'était pas pleine, elle a vêlé.

»Dieu me garde de mettre en doute la loyauté, l'impartialité et même, si l'on veut, les connaissances zootechniques de MM. les membres de la commission ! Ils avaient confiance dans leur prétendue infaillibilité, rien de mieux; mais devaient-ils lancer à la légère une accusation imméritée contre un homme honorable? N'était-il pas plus prudent et plus rationnel, en même temps, de déclarer qu'au lieu de vouloir tromper il s'était trompé lui-même.

»Ils ont préféré agir différemment, et ils doivent reconnaître maintenant qu'ils ont eu grand tort.

» J'aime à croire, Monsieur, que vous regrette-
rez l'injustice de vos attaques en ce qui me concerne, et que vous voudrez bien insérer cette
lettre dans votre journal.

» Encore un mot. J'ai eu l'honneur d'écrire à
M. Boitel, inspecteur général de l'agriculture et
président du concours régional de Poitiers, et de
lui envoyer un procès-verbal du maire de ma
commune, constatant la naissance de la génisse
et l'identité de la mère.

» Agréez, etc.   » *E. Augier.* »

Nous venons de recevoir le troisième volume de l'*Encyclopédie pratique de l'agriculture*,
publiée par Firmin Didot frères, fils et Compe,
sous la direction de MM. Moll et Eugène Gayot.
Ce volume, qui ne contient pas moins de 928
colonnes de texte, est orné de 212 gravures sur
bois très-bien exécutées. Les articles qu'il renferme sont traités avec tout le soin et toute l'étendue désirables, par les agronomes les plus distingués. MM. Vilmorin, Moll, E. Gayot, Gustave
Heuzé, Dupuy, Naudin, Hardy, Madinier et Du-
breuil ont fourni la plupart des articles qui composent le troisième volume. Nous signalerons
d'une manière plus particulière à l'attention de
nos lecteurs les articles suivants : Travaux agricoles du mois d'*Avril, Bétail* et culture de
l'*Avoine*, par M. Moll; *Bêtes bovines*, traité complet sur les diverses races, par M. E. Gayot;
Barate, par M. Grandvoinet; *Battage*, par M. G.
Heuzé, etc., etc. Si, comme tout nous le fait espérer, les volumes qui restent à paraître de l'*Encyclopédie pratique de l'agriculture* sont traités

avec le même soin que ceux qui ont déjà paru,
MM. Didot auront rendu à l'agriculture un service signalé, en la dotant d'un ouvrage d'une valeur et d'une utilité incontestables. Toutes les
personnes qui s'occupent d'agriculture voudront
faire figurer cette encyclopédie dans leur biblio-
thèque ; nous prions seulement MM. les édi-
teurs de stimuler, autant que possible, le zèle de
leurs collaborateurs, afin de terminer prompte-
ment la publication de cet important ouvrage.

27 août 1860

VIII

Le fameux système de l'échelle mobile, contre
lequel nous avons déjà eu occasion de nous prononcer, vient de recevoir un nouvel échec par
suite du décret du 22 août qui permet la libre
importation des grains ou farines dans l'Empire
français. Nous avons tout lieu de croire que le
gouvernement renoncera pour toujours à cette
vicieuse législation, et que le dernier décret qui
supprime l'échelle mobile pour un an seulement
fera place à une loi qui consacrera d'une manière
définitive la liberté du commerce des grains et
des autres denrées alimentaires. Nous croyons
qu'en présence de l'incertitude qui règne
au sujet de la récolte actuelle de grains, il
était d'une politique sage et prévoyante de faciliter au commerce les moyens de parer au déficit
probable, en lui permettant d'aller faire des ap-
provisionnements à l'étranger. Nous eussions

désiré seulement que le décret du 22 août fût entré plus largement dans la voie de la liberté commerciale, en supprimant l'échelle mobile pour l'exportation comme pour l'importation. M. Sanson, directeur de la *Culture*, fait les mêmes vœux que nous; il espère qu'en voyant encore une fois fléchir, sous le poids de circonstances impérieuses, le fameux système de l'échelle mobile, dont les savantes combinaisons ne manquent jamais en pareil cas d'être démontrées absolument illusoires, les derniers partisans de ce système finiront par se rendre à l'évidence. Impuissant, dit-il, pour le bien en temps ordinaire; dangereux et par conséquent impossible à conserver dans les cas exceptionnels : tel est le mécanisme d'une législation que des gens de bonne foi persistent à considérer comme l'ancre de salut de l'agriculture. Quand donc les faits auront-ils plus de puissance sur les esprits que les simples hypothèses?

Nous lisons dans le *Moniteur vinicole* :

« On parle beaucoup à Limoux, dans le Bordelais, d'une découverte importante qui vient d'être faite par un des propriétaires des environs, et qui consiste à porter en peu de temps les vins et eaux-de-vie à un état de maturation aussi complet qu'on le désire. Grâce à ce procédé, on peut, dit-on, obtenir en quelques mois, sans faire aux liquides aucune addition, sans leur faire subir aucune manipulation qui puisse diminuer leurs qualités, des eaux-de-vie et des vins en tout analogues et peut-être supérieurs à ceux qu'on ob-

à ces dépurateurs une hauteur suffisante, sous un diamètre proportionnel à la quantité de l'alcool qu'on soumet à la désinfection. Une colonne de 5 mètres de hauteur ou bien deux de 2 mètres 50 cent., pouvant communiquer ensemble, sont en général suffisants.

On peut, avec ce procédé, employer tous les appareils connus pour la rectification, période à laquelle se rapporte spécialement l'emploi de cette méthode, bien qu'elle puisse se pratiquer, dans tous les cas, avant la condensation des vapeurs alcooliques. La seule modification à ajouter consiste dans l'interposition d'un ou de plusieurs cylindres dépurateurs à charbon entre l'appareil bouilleur ou de volatilisation, et l'appareil réfrigérant ou de condensation, mais le plus près possible de celui-ci.

La méthode la plus simple et la plus utile consiste dans l'emploi de deux dépurateurs de 5 mètres de hauteur, disposés de manière à communiquer alternativement avec la vapeur alcoolique produite. L'un fonctionne pendant que l'autre est vidé de charbon saturé et rechargé de charbon neuf et revivifié. Cette manœuvre se fait à l'aide de robinets qui peuvent ouvrir ou fermer la communication entre la vapeur alcoolique et l'un ou l'autre des dépurateurs.

Chaque colonne doit avoir en dedans de l'espace laissé libre, entre sa base et le diaphragme grillé sur lequel repose la masse de charbon, un serpentin chauffeur composé de tuyaux ayant de 3 à 4 centimètres de diamètre. L'un des bouts de ce serpentin est en communication avec le générateur, et l'autre aboutit à un canal de fuite. En introduisant la vapeur d'eau du générateur dans un de ces serpentins, un fond en envuron avant le moment où la vapeur alcoolique pourra pénétrer dans la colonne dépuratrice correspondante, on élève la température de cette dernière, ainsi que celle du charbon y contenu, d'une manière suffisante pour empêcher toute condensation des vapeurs alcooliques, pendant leur passage dans ladite colonne; condensation qui a plusieurs inconvénients, et qu'il est très-important d'éviter.

Le procédé de M. Pongowski est très-rationnel, mais il faut attendre pour le juger que la pratique ait sanctionné les bons effets qu'en attend son auteur.

16 octobre 1860

X

Le *Messager du Midi* a déjà publié une lettre par laquelle M. de Golberg, colonel du 38me régiment de ligne, faisait connaître un nouveau mode de traitement de l'oïdium. Ce traitement, qui ne ressemblait en rien à tous ceux qu'on avait préconisés jusqu'alors, consistait à inoculer la maladie de la vigne aux souches, en faisant une incision dans le cep et en introduisant un grain de raisin fortement oïdié dans la blessure. Nous avons cru, quelque bizarre que nous parût d'ailleurs ce procédé, devoir en parler dans le *Messager agricole*, afin que quelques-uns de nos lecteurs pussent l'expérimenter, pour se rendre compte de son efficacité. M. de Golberg a adressé récemment une lettre à M. le préfet de la Gironde, pour faire connaître les résultats qu'il a obtenus; nous allons la reproduire :

« J'ai eu l'honneur, écrit M. de Golberg, de recevoir, il y a trois mois, la visite de plusieurs membres de la Société d'agriculture du département de la Gironde, qui ont bien voulu me demander comment j'opérais pour vacciner les ceps de vigne.

» En ce moment la sève de la vigne commence à s'arrêter ; j'ai choisi ce moment, afin de me rendre compte, en vérifiant les incisions dans lesquelles j'avais placé un ou deux grains de raisin oïdiés, de ce qui était arrivé.

» J'ai vacciné dix ceps dans une période d'un mois ; les quatre qui l'ont été au début de la maladie m'ont donné des résultats remarquables, et ce sont ces résultats que je désire montrer aux honorables membres qui ont bien voulu se rendre chez moi.

» Voici ces résultats. Les quatre ceps vaccinés les premiers ont guéri complétement les raisins qu'ils portaient, et il s'est formé à l'intérieur des incisions une matière visqueuse qui rattache le lambeau au cep ; les autres, vaccinés postérieurement, ont eu de moins beaux résultats ; la matière visqueuse ne s'est produite qu'en petite quantité, ce qui ferait supposer que l'on doit vacciner les ceps de bonne heure et aussitôt que la maladie paraît. Un cep n'ayant pas été vacciné n'a pas sauvé un seul grain de ses grappes ; un autre cep vacciné, n'a pas produit dans son incision de matière visqueuse, et ses raisins se sont en partie pourris. »

Les expériences de l'honorable M. de Golberg ont été faites sur une trop petite échelle pour que nous puissions nous permettre de donner notre opinion sur ce procédé d'inoculation ; mais, comme ce mode de traitement est très-peu coûteux, nous croyons qu'il serait utile de le soumettre à de nouvelles épreuves, pour être fixé définitivement sur sa valeur. Si l'inoculation était réellement efficace contre la maladie de la vigne, elle ne tarderait pas à être adoptée par tous les viticulteurs, qui réaliseraient, grâce à ce procédé, de notables économies.

Les travaux du savant professeur Cornalia, de Milan, sur la sériciculture, sont suffisamment connus pour que chaque nouvel écrit de cet auteur mérite de fixer l'attention. Nous devons donc signaler à nos lecteurs un petit opuscule que ce sériciculteur distingué vient de publier à Milan, sous le titre de *Bacologia*, et qui enseigne, dans douze pages : 1° un moyen certain de distinguer la mauvaise graine de la bonne ; 2° la possibilité de savoir quels sont les vers que l'on doit exclure d'une éducation parfaitement rationnelle. Nous connaissons ce précieux petit écrit par la traduction qu'en a donnée M. le docteur N. Joly dans le *Journal d'agriculture pratique et d'économie rurale pour le midi de la France*, et par l'analyse que le traducteur en a faite dans le même journal. Nous ne saurions mieux faire qu'en citant textuellement :

« Frappé de l'influence remarquable qu'exerce et qu'a exercée, cette année surtout, la qualité de la graine sur les produits obtenus, M. Emilio Cornalia s'est attaché à confirmer par l'expérience directe une idée théorique émise l'an dernier par le chevalier Vittadini. Il a examiné, à l'aide d'un excellent microscope d'Oberhœuser, 156 échantillons de graines provenant des lieux les plus divers, et, après avoir fait plus de 1,500 observations isolées, il a pu prédire, *à coup sûr*, les résultats que fournirait chacun des échantillons soumis à son examen. Aussi conseille-t-il, avec raison, l'usage du microscope pour distinguer la bonne graine de la mauvaise, et appelle-t-il cet instrument *le juge inexorable* de ces avides et déshonnêtes vendeurs, indifférents à la ruine d'autrui, pourvu qu'ils puissent se défaire de leur précieuse drogue à des prix fabuleux.

» Pour comprendre toute la portée de l'observation microscopique appliquée au choix des graines, il faut se rappeler que le mal, quelle qu'en soit la cause, est essentiellement héréditaire.

» Il faut savoir qu'un des résultats les plus frappants des ravages qu'il produit, c'est l'altération du sang et de la plupart des tissus organiques. A la suite de ces altérations, l'on voit apparaître dans le fluide nourricier un nombre plus ou moins grand de corpuscules ovoïdes, pointus aux deux extrémités, transparents, réfractant la lumière, pesants et doués d'un mouvement vibratoire très-marqué. Leur longueur réelle est $0^{mm}004$; grossis environ 400 fois, ils offrent à peu près le volume de la moitié d'un grain de millet. A mesure que le mal fait des progrès, le nombre de ces corpuscules s'accroît, la vie devient de plus en plus languissante, et les vers périssent sans avoir pu, la plupart du temps, achever toutes leurs métamorphoses. Les papillons qui proviennent de ces vers sont mal conformés, paresseux, rebondis; leurs ailes sont souvent déformées et marquées, de même que le corps, de taches noires plus ou moins étendues. Leur sang est chargé de corpuscules vibrants, signe de l'infection générale qui devra nécessairement se transmettre à leurs œufs. »

Ni M. Emilio Cornalia, ni M. Vittadini lui-même ne se prononcent sur la question de savoir si les corpuscules vibrants se montrent déjà dans l'œuf tout récemment pondu..... Quoi qu'il en soit, il est certain que, si dans un œuf contaminé on fait développer l'embryon, celui-ci présentera, même avant l'éclosion, les signes irrécusables de l'infection générale, c'est-à-dire les corpuscules vibrants, si faciles à observer à l'aide du microscope. Rien de semblable ne se verra chez un embryon sain. De là, on le conçoit, la possibilité de prédire, même en hiver, si une graine peut, oui ou non, être livrée à l'incubation avec chance de succès.

Un autre précepte très-essentiel au point de vue pratique, qui découle des études auxquelles s'est livré M. Cornalia, c'est que dans le cas où l'éclosion se fait lentement, c'est-à-dire quand elle exige cinq, six jours et même davantage, il faut rejeter tous les retardataires qui naîtront après le dernier jour, l'observation ayant prouvé qu'ils sont déjà malades et qu'ils n'arriveront pas à filer leur cocon.

Tous les sériciculteurs accueilleront avec intérêt cette communication de M. Cornalia, qui permet de reconnaître à coup sûr la qualité d'une graine, et il est probable que les établissements construits à grands frais pour les éducations précoces deviendront désormais inutiles, puisqu'à l'aide du miscroscope chaque magnanier sera à même de constater à l'avance la qualité de ses graines. Nous croyons même, avec M. Cornalia, qu'à l'avenir aucun marché ne devrait se conclure sans la condition de l'examen préalable de la graine, à l'aide du microscope. En agissant ainsi, on n'aurait plus la douleur de déclarer infectée une graine acquise à chers deniers, et cela en s'appuyant sur un jugement que le savant bacologue italien croit *inexorable*. Nous n'avons pas à entrer ici dans des détails sur la manière dont doit se faire cet examen de la graine; nous renvoyons à ce sujet au mémoire de M. Cornalia, que M. Joly a traduit en entier, et que nous comptons reproduire dans notre prochain numéro du *Messager agricole*.

— La *Feuille commerciale*, de Cette, donne, dans son numéro du 10 novembre, le tableau des exportations des vins ordinaires, vins de liqueur, eaux-de-vie et 3/6 qui ont eu lieu par le port de Cette, dans les dix premiers mois de 1860. Nous allons reproduire cet intéressant document.

PORT DE CETTE.

TABLEAU DES EXPORTATIONS DE VINS ORDINAIRES, VINS DE LIQUEURS, EAUX-DE-VIE ET 3/6, PENDANT LES DIX PREMIERS MOIS DE L'ANNÉE 1860.

Vins ordinaires.

Pour la Russie,	1,694,814 litres.
— Association allemande,	294,284
— Pays-Bas,	1,496,734
— Belgique,	282,511
A reporter....	3,768,343 litres.

	Report . . .	5,768,343 litres.
—	Villes anséatiques,	4,072,349
—	Angleterre,	67,070
—	Etats sardes,	8,881,847
—	Toscane,	5,260,953
—	Etats-Unis,	1,582,734
—	Brésil,	1,472,922
—	Algérie,	10,628,148
—	Autres puissances,	2,801,914
		58,336,260 litres.

Vins de liqueur.

Pour la Russie,	399 litres.
Association allemande,	1,550
Belgique,	350
Villes anséatiques,	1,450
Etats sardes,	1,542
Toscane,	5,175
Etats-Unis,	44,800
Brésil,	600
Algérie,	89,989
Autres puissances,	17,772
	161,627 litres.

Eaux-de-vie de vin.

Pour les villes anséatiques,	1,200 litres.
Angleterre,	129
Etats-Unis,	718
Algérie,	46,589
Autres puissances,	23,081
	71,517 litres.

Trois-six.

Pour les villes anséatiques, 14,843 litres.
    Angleterre, 105
    Algérie, 168,421
    Autres puissances, 160,922
                         344,291

La *Feuille commerciale* donne également le détail des quantités de vins et eaux-de-vie qui ont été expédiées par cabotage du port de Cette pendant le mois d'octobre 1860.

Les expéditions pour les divers ports de la Méditerranée se répartissent ainsi :

    Vins, 5,257,593 litres
    Eaux-de-vie, 52,580

Celles pour divers ports de l'Océan :

    Vins, 255,490 litres
    Eaux-de-vie, 2,876

L'on peut juger, par tous les chiffres que nous venons de donner, de l'importance du commerce des liquides dans la ville de Cette. Mais cette importance est réellement bien plus grande que ce que pourraient le faire supposer les documents ci-dessus, car Cette expédie, en outre, par les chemins de fer du Midi et de la Méditerranée, des quantités considérables de vins, de 3/6 et d'eaux-de-vie, pour la consommation intérieure de la France.

—Nous avons parlé, dans notre Chronique du mois dernier, d'un nouveau procédé de désin-

fection des alcools *mauvais goût*. M. le docteur
Pongowski, auteur de ce procédé, a bien voulu
nous écrire à ce sujet la lettre suivante, que nous
nous empressons de reproduire :

« Carpentras, le 10 novembre 1860.

» Monsieur,

» Votre Chronique agricole, insérée dans le
Messager du Midi du 16 octobre dernier, contient une mention, on ne peut plus bienveillante,
de mon procédé de désinfection des alcools.
Permettez-moi d'abord, Monsieur, de vous en
témoigner ma plus vive gratitude. En même
temps, puisque la description de mon procédé,
par suite de circonstances à moi inconnues, a
reçu les honneurs d'une si flatteuse publicité,
qu'il me soit permis d'y ajouter deux rectifica-
tions, que je regrette de n'avoir pu vous adresser plus tôt : 1° L'auteur de ce procédé n'est
point un *chimiste de Liége* ; cette erreur vient
sans doute de ce que, en prenant mon brevet
d'invention en Belgique, j'avais indiqué chez
un correspondant à Liége mon domicile légal.
» 2° L'expérience de la valeur industrielle de ce
procédé n'est plus à faire ; voilà deux ans qu'il
fonctionne dans une usine importante du département de Vaucluse, tout près d'Avignon.
L'examen de trois appareils qui y sont transfor-
més, d'après mon système, prouverait aux plus
incrédules quels services il peut rendre à l'industrie des alcools *mauvais goût*.
» J'ose espérer, Monsieur, que vous voudrez

bien donner place à ces quelques lignes dans votre prochaine Chronique agricole, et je vous prie, en même temps, d'agréer l'assurance de mes sentiments les plus distingués,

» A. PONGOWSKI.

Docteur en médecine, ancien officier polonais.

»P. S. — S'il vous convenait un jour, monsieur, de vouloir visiter l'usine où mon système est établi, je me ferais un véritable plaisir de vous en faire les honneurs. »

Nous désirerions bien connaître les correspondants agricoles de certains grands journaux de Paris, et notamment celui qui a fourni au *Constitutionnel* des renseignements sur la récolte du vin dans le département de l'Hérault. Ces renseignements, que le *Constitutionnel* déclare pleins d'intérêt et que le *Moniteur*, journal officiel, s'est empressé de reproduire, contiennent des assertions si erronées, que nous ne saurions admettre qu'ils aient été écrits sérieusement par une personne qui connût notre département, et nous sommes portés à croire que le prétendu correspondant du *Constitutionnel* pourrait bien n'être qu'un Parisien anonyme, qui, en fait de vignobles de province, ne connaît guère que ceux de Suresne et d'Argenteuil.

Que le département de l'Hérault retire, depuis quelques années, de gros revenus de la culture de la vigne, c'est un fait trop certain pour que nous cherchions à le contester ; mais ces gros revenus ne proviennent nullement, ainsi que

l'affirme le *Constitutionnel*, des vendanges exceptionnellement abondantes que l'Hérault aurait
faites depuis cinq ans (1), car chacun de nous

(1) L'administration des contributions indirectes a
bien voulu nous communiquer, sur notre demande,
les états approximatifs de la récolte des vins dans le
département de l'Hérault pendant les années 1856
à 1860. La lecture de cet intéressant document édifiera
nos lecteurs sur ce qu'il y a d'exact dans les assertions
du correspondant du *Constitutionnel*.

*Etats approximatifs du produit de la récolte des vins
dans l'Hérault, pendant les années 1856, 1857, 1858,
1859 et 1860.*

1856

Arrondissement de Montpellier,	349,209 h.	
— de Béziers et St-Pons,	533,265	1,045,518 h.
— de Lodève,	163,044	

1857

Arrondissement de Montpellier,	922,480 h.	
— de Béziers et St-Pons,	1,302,022	2,497,844
— de Lodève,	273,342	

1858

Arrondissement de Montpellier,	2,270,359 h.	
— de Béziers et St-Pons,	3,588,978	6,693,494
— de Lodève,	834,157	

1859

Arrondissement de Montpellier,	1,616,354 h.	
— de Béziers et St-Pons,	2,121,874	4,300,185
— de Lodève,	561,957	

1860

L'état du produit de la récolte de cette année n'a
pas encore été fourni; les chiffres ci-dessous ont été
donnés avant la récolte comme aperçu pour 1860.

Arrondissement de Montpellier,	1,971.158 h.	
— de Béziers et St-Pons,	2,637,517	5,393,221 h.
— de Lodève,	784,546	

sait fort bien que de 1856 à 1860 nous n'avons
eu des produits fort au-dessus de la moyenne
qu'en 1858, et que les années 1856, 1857 et 1859,
ont été, au contraire, bien au-dessous de l'ordinaire. L'année 1860 a donné certainement une
belle récolte; mais, si quelques localités privilégiées ont eu des excédants, il n'en a pas été de
même dans un grand nombre de communes du
département; plusieurs d'entre elles n'ont pas
fait plus de vin que dans les années ordinaires, et
d'autres ont eu des déficits assez importants. Ce
qui a contribué à accroître la richesse du département, c'est le haut prix des vins pendant cette
période de cinq années dont parle le correspondant du *Constitutionnel*; c'est surtout, par suite
de la disette générale des vins, la faveur qu'ont
acquise nos petits vins de plaine, qui étaient
autrefois envoyés à la chaudière et qui sont depuis quelques années livrés directement à la
consommation.

Nous ignorons quels sont les nouveaux procédés de culture, de taille et de greffe dont parle
le correspondant du *Constitutionnel*, et qui auraient, d'après lui, augmenté la production,
tout en améliorant la qualité des vins inférieurs.
D'abord cette augmentation de production n'a
pas eu lieu, ainsi que nous l'avons déjà dit, et si
le commerce a fait concurrence à la distillerie
pour l'achat des petits vins, ce n'est pas parce
que la qualité de ces vins a été améliorée, mais
plutôt parce qu'il fallait recourir à eux à défaut
d'autres meilleurs.

Toutes ces inexactitudes des renseignements
fournis au *Constitutionnel* ont bien déjà leur
gravité; mais que pensera-t-on des assertions
suivantes, que je cite textuellement :

« La culture de la vigne occupe dans l'Hérault, d'après les documents officiels, une étendue d'environ 150,000 hectares, qui représentent le quart de la superficie totale du département. Le rendement de l'hectare ne peut pas être évalué, cette année, à moins de 75 hectolitres en moyenne ; sur ces données, la récolte totale du département atteindrait la quantité de 11,250,000 hectolitres.

» Les propriétaires ont l'habitude assez générale de réaliser leurs vins dès qu'ils sont faits ; les vendanges étant achevées, la vente s'est ouverte sur le prix de 160 fr. le muid de 700 litres ; certains vins foncés, pouvant servir spécialement aux coupages, se sont aussitôt enlevés à 240 fr. ; maintenant des propriétaires refusent de vendre des qualités ordinaires à 200 fr. ; il s'est même fait des achats de récoltes sur souche au prix de revient de 40 fr. l'hectolitre. On peut donc admettre la réalisation actuelle au prix de 200 fr. le muid, soit 28 fr. 55 l'hectolitre.

» Ainsi, dans quelques mois, le département de l'Hérault aura vendu ses 11,250,000 hectolitres de vin, et il aura reçu en échange l'énorme capital de 321 millions de francs.

» Le revenu net des propriétaires s'établirait, en déduisant de la somme ci-dessus celle de 31,500,000 fr., dépensés pour la culture et le soufrage, sur le pied de 210 fr. l'hectare ; il resterait donc le chiffre prodigieux de 289,500,000 fr. répartis entre les propriétaires des vignes, et formant, cette année, leur épargne capitalisée. »

Autant de chiffres, autant d'erreurs ! Nous ignorons quels sont les documents officiels qui ont été consultés par le correspondant du *Constitutionnel*, et qui lui ont permis d'affirmer que le département de l'Hérault possède 150,000 hectares de vignes. M. V. Rendu, dans son excellente *Ampélographie française*, a établi, par des chiffres que nous avons tout lieu de croire exacts, que la surface occupée par la vigne, dans notre département, ne comprenait que 111,962 hectares. Pour tenir compte des plantations nouvelles qui peuvent avoir été faites depuis 1850, époque à laquelle les chiffres donnés par M. Rendu ont été relevés, nous croyons difficile d'admettre qu'il y ait actuellement plus de 140,000 hectares en rapport; car, si, dans ces dernières années, on a beaucoup planté, personne n'ignore qu'on avait, par contre, arraché un grand nombre de vignes pendant les premières années qui suivirent l'invasion de la maladie. Le chiffre de 140,000 hectares, que nous adoptons, tout en le croyant trop élevé, est, du reste, celui qui a été admis par M. Bonnet, dans son rapport sur la prime d'honneur du département de l'Hérault.

Quant au rendement de 75 hectolitres par hectare pour cette année, il est d'une exagération évidente : il donnerait pour l'Hérault une production de 11,250,000 hectolitres, en admettant, avec le *Constitutionnel*, que la vigne occupe 150,000 hectares, ou bien seulement de 10,500,000 hectolitres, si nous adoptons le chiffre de 140,000 hectares.

Ce produit de 10,500,000 hectolitres est encore bien au-dessus de la réalité, car, en 1858, où l'Hérault obtint une récolte d'une abondance telle que les plus vieux vignerons déclaraient n'en avoir jamais vu de semblable, la production ne fut que de 6,693,494 hectolitres, ce qui fait supposer qu'en 1860, où la récolte a été abondante, il est vrai, mais nullement exceptionnelle, on n'a pas dû atteindre une aussi forte production. Nous adopterons pourtant dans nos calculs le chiffre de 6,600,000 hecto-litres, quoique ce chiffre soit évidemment trop élevé.

Le *Constitutionnel* admet que la moyenne du prix du vin sera cette année de 200 fr. le muid, soit 28 fr. 55 par hectolitre. Plût à Dieu qu'il en fût ainsi; mais quand on songe que les vignes de plaine occupent, d'après M. Rendu, une étendue de 60,000 hectares, que ces vignes four-nissent environ les quatre cinquièmes de tout le vin récolté dans l'Hérault, et que ces vins sont pour la plupart si verts et si peu alcooliques cette année qu'il faudra en livrer une grande partie à la chaudière et à des prix qui attein-dront à peine 60 ou 65 fr. le muid, on ne sera pas surpris que nous établissions la moyenne du prix de vente à 120 fr. le muid, soit 17 fr. 14 c. par hectolitre. Or 6,600,000 hectolitres à 17 fr. 14 c. produiront 113,124,000 fr. C'est assez beau, sans doute; mais n'oublions pas que, d'a-près le correspondant du *Constitutionnel*, c'é-taient 321,000,000 de francs que devaient encais-ser cette année les propriétaires du département de l'Hérault.

Si nous voulions contrôler maintenant un der-nier chiffre, celui des frais de culture, de sou-frage et autres que nécessite le bon entretien de la vigne, nous verrions qu'il n'en coûte pas moins de 300 à 350 francs par hectare. Le prix de 210 francs, fixé très-arbitrairement par le *Constitu-tionnel*, n'est pas sérieux pour qui connaît les dé-penses de toute nature qu'entraîne la culture d'un vignoble. Ne comptons que 300 francs par hectare, et nous trouverons que les 140,000 héc-

tares de vignes que contient le département de
l'Hérault ont dû coûter 42 millions de frais d'ex-
ploitation, et qu'il ne restera donc, en définitive,
de revenu net aux propriétaires, qu'une somme
de 71 millions 124 mille francs. Le correspondant du *Constitutionnel* ne se serait donc trompé
dans son appréciation que de la bagatelle de 247
millions environ. Et voilà pourtant comment on
écrit l'histoire !

Ce revenu net de 71 millions 124 mille francs
pour 140 mille hectares de vignes est encore
considérable, puisqu'il laisse au propriétaire un
bénéfice de 508 francs par hectare, et tout le
monde sait que dans notre département l'hectare
de vigne ne se vend pas en moyenne au delà de
5,000 francs l'hectare (1). M. le docteur Guyot
trouvera sans doute un pareil revenu bien mes-
quin, car d'après lui la vigne ne doit rapporter ni
plus ni moins de mille francs net par hectare;
mais les propriétaires de l'Hérault sont plus
modestes dans leurs prétentions, et ils s'abon-
neraient bien volontiers à retirer chaque année
de leurs vignes un produit pareil à celui que
leur promet l'année 1860.

Nous croyons avoir fait bonne justice des assertions du correspondant du *Constitutionnel*.
Nous espérons qu'à l'avenir les feuilles parisien-
nes accueilleront avec plus de réserve les documents qui leur parviennent, disent-elles, de la

(1) On peut citer des ventes de lopins de vignes faites
à des paysans sur le taux de 20 à 25 mille francs l'hectare; mais ces rares exceptions ne se sont produites
que dans quelques localités privilégiées, où l'argent
abondait. Nous ne connaissons pas un seul domaine
de quelque importance qui se soit vendu à raison de
5,000 francs par hectare de vignes.

province, car, en publiant des renseignements semblables à celui que nous venons de discuter, elles s'exposeraient à perdre la confiance de leurs lecteurs.

15 novembre 1860.

XI

SOMMAIRE.

Quelques mots sur les vins procédés et sur les vins coupés, en réponse aux articles de M. Valserres sur le même sujet. — Renouée de Siebold, nouveau légume. — Inconvénients qui résultent du défaut de concordance des alcoomètres; importance d'un alcoomètre légal; observations de M. A. Billet sur cette question. — Poudre de feuilles de mûrier pour la nourriture des vers à soie.

La question du sucrage des vins est entrée dans une phase nouvelle, qui mérite de fixer un instant notre attention. On n'employait autrefois le sucre que comme remède, pour augmenter l'alcoolicité des moûts trop verts, qui n'auraient pas pu fermenter sans l'addition de cette substance. Réduit à ce rôle, le sucre rendait d'éminents services, en permettant de transformer en une boisson salutaire et agréable le jus des raisins qui n'avaient pas pu mûrir suffisamment pour faire des vins potables. Mais comme il n'est pas dans ce monde de bonnes choses dont on n'abuse, on en est arrivé à ne plus voir dans le vin que de l'eau alcoolisée, parce que l'eau et l'alcool entrent effectivement dans la composition du vin pour la plus grande partie; et dès lors on a pensé qu'il serait facile, en ajoutant à une certaine quantité de moût de raisin une quantité égale d'eau sucrée, d'obtenir par la fermentation de ces deux liquides deux fois plus de vin qu'avec le moût seul.

Laissons à M. Jacques Valserres et aux autres fervents adeptes du sucrage la liberté de croire que ces vins ainsi procédés sont supérieurs aux vins naturels : tous les goûts sont dans la nature; mais qu'on nous permette de croire que la couleur et le bouquet des vins ne sont pas assez en excès dans les moûts naturels, pour qu'ils puissent se retrouver en quantité suffisante dans ces mêmes moûts mélangés avec de fortes doses d'eau sucrée. Parlerons-nous maintenant de la méthode de vinification de M. Pétiot, qui fait, avec la même cuvée de raisins, jusqu'à cinq cuvées, en y ajoutant chaque fois de l'eau sucrée? Avec cette extension donnée au système du sucrage, on arrive à cette conclusion formulée par M. Valserres, que le marc, qui aujourd'hui n'a plus aucune valeur, en acquerrait une cinq fois plus grande que le vin naturel, puisque, avec le même marc, on pourrait obtenir jusqu'à cinq cuvées, dont les deux premières (c'est M. Valserres qui parle) seraient préférables à celle ne renfermant que du jus de raisin.

Grâce au sucre et à l'eau, dit l'honorable directeur de la *Revue d'économie rurale*, il n'est plus permis aujourd'hui de manquer de vin, ni d'en avoir de mauvais. — Nous croyons, au contraire, que si l'emploi de ces deux substances venait à se généraliser, il ne serait plus possible, à l'avenir, de se procurer de bons vins.

M. Valserres ne se borne pas à faire le plus grand éloge des vins procédés, il s'élève avec énergie contre la pratique du coupage des vins, qui donne, d'après lui, une boisson dangereuse pour la santé et d'une conservation impossible. M. Valserres ignore sans doute que les quatre-vingt-dix-neuf centièmes des vins qui se consomment sont des vins coupés.

On nous a reproché de ne pas connaître les notions les plus élémentaires de la chimie, parce que nous avons prétendu, ce que nous affirmons encore, que les vins coupés se conservent parfaitement et mieux même quelquefois que les vins naturels. Nous ne voyons pas ce que la chimie avait à démêler dans cette question du coupage; mais ceux qui ont eu la prétention de parler au nom de cette science ont gravement compromis son autorité, en la mettant en désaccord avec des faits connus de tous les praticiens. M. Valserres voudrait que, pour faire les coupages, on mît d'abord les vins à l'état de moût, pour les faire ensuite fermenter ensemble. MM. les négociants en vins se garderont bien de suivre ce précepte dangereux, car l'expérience leur a prouvé trop souvent que, lorsque les liquides qu'on mélange viennent à fermenter, le bon résultat du coupage est fortement compromis.

Nous ne sommes pas seul, du reste, à protester contre les étranges doctrines du directeur de la *Revue d'économie rurale*, relatives à la fabrication des vins; la *Feuille commerciale de Cette* les a déjà vivement combattues, et nous croyons devoir extraire, de son numéro du 5 décembre, un article dans lequel M. E. Cazalis apprécie l'importance des coupages à leur juste valeur.

« M. J. Valserres nous dit, avec une assurance qui ferait croire qu'il est dans le vrai, si l'expérience de tous ceux qui connaissent un peu la partie des vins ne venait contredire ses assertions, que les vins coupés entre eux ne se conservent pas et qu'il faut les consommer de suite ; et, comme preuve de ce qu'il avance, il nous cite les mauvais résultats des coupages opérés par les marchands de vins de Bercy. M. Valserres, nous ne craindrons pas de le lui dire, est sur ce point dans l'erreur la plus complète.

» Il est certain, il est reconnu et admis, par tous les négociants, que les vins *coupés* se conservent indéfiniment, et peuvent, en outre, supporter, sans altération, les trajets les plus lointains. Si M. Valserres avait fait le tour du monde, il aurait trouvé partout des vins de Bordeaux et des vins de Cette : que sont ces vins ? des coupages.

» Le Bordelais achète tous les ans des quantités considérables de vins de Narbonne : qu'en fait-il ? Il les coupe avec ses vins d'Entre-Deux-Mers, et il obtient un produit parfait, défiant les chaleurs des tropiques.

» Les Cettois reçoivent dans leurs chaix des Roussillon et des Costières, des Narbonne et des vins d'Espagne : pourquoi ? Pour en faire une cuvée qui, depuis des siècles, est envoyée au Brésil et aux États-Unis, à la satisfaction de ceux qui la reçoivent.

» Mais n'allons pas chercher si loin la preuve de la bonté des vins coupés : où boit-on de meilleurs vins que dans les bons restaurants de Paris ? Que sont ces vins ? Des coupages de tous les crus de France.

» Cette, Mèze ne se sont-ils pas faits, sur la place de Paris, une réputation bien méritée, par leurs imitations de Tavel, qui ne sont pourtant autre chose que des vins coupés. Et après cela on vient nous dire que les vins coupés ne se conservent pas. Consultez les soixante-dix départements vinicoles, et il vous sera répondu que, sans coupage, il n'y a pas de commerce possible. Il n'est pas jusqu'à la Champagne qui n'y ait recours.

» Depuis que j'ai lu l'article de M. Valserres, j'ai vu plus de cent marchands de vin, et leur ai demandé leur opinion sur les coupages, et tous, sans exception, m'ont répondu que cette opération, pratiquée avec intelligence, n'a que des avantages et pas un seul inconvénient. Du reste, les coupages ou les mélanges ne sont pas utiles pour les vins seulement.

» Le 3/6 de betterave est mauvais; coupez-le avec du 3/6 de vin, et il deviendra bon. Un vin de glucose est détestable; coupez-le avec du vin de raisin, et il deviendra passable.

» Le café de la Martinique, coupé avec du Moka, ne donne-t-il pas un nectar ? Il est du reste reconnu que, dans une foule de cas, les coupages, les mélanges, améliorent les matières sur lesquelles ils sont pratiqués. Qu'on vienne ensuite nous engager à ne pas couper les vins, et à avoir plutôt recours à la méthode du docteur Gall ! Tant vaudrait nous donner le conseil d'arracher nos vignes.

» Depuis que le commerce des vins existe, le coupage des vins a toujours été pratiqué avec succès, et il n'est pas en France de commerce qui soit plus prospère que celui des vins. Pourquoi dès lors changer de système? En voulant progresser, n'est-il pas à craindre qu'on ne fasse que reculer; c'est ce qui arrivera sans nul doute si on n'y prend garde, et si on écoute tous les beaux raisonnements des partisans du sucrage des moûts et des prôneurs d'eau dans la cuve de fermentation. Le *Moniteur vinicole* m'a déjà traité de glucophobe. Je crains bien qu'en lisant cet article M. Valserres ne me déclare atteint d'hydrophobie.»

Nous n'ajouterons qu'un mot aux réflexions qui précèdent. M. Valserres termine son article sur les vins procédés par les conclusions suivantes :

« Si elles venaient à se généraliser, les méthodes de sucrage feraient une véritable révotion dans la viticulture. La France produit aujourd'hui 50 millions d'hectolitres de vin. Eh bien ! avec le sucrage, sans étendre ses cultures, sans accroissement de frais autre que l'achat du sucre et des futailles, elle pourrait produire 250 millions d'hectolitres. Ce vin vaudrait au moins 2 milliards, tandis que notre récolte d'aujourd'hui n'est estimée que 500 millions.....

» Quand on songe que, par notre ignorance, et faute de connaître suffisamment les procédés de sucrage, nous laissons se perdre chaque année 200 millions d'hectolitres de vin, qui représentent 2 milliards, notre pauvreté ne doit plus nous étonner....»

Je dois rassurer mes lecteurs sur les conséquences de notre ignorance des procédés de sucrage. Elle n'est pas aussi fâcheuse qu'on veut bien le dire. Supposons qu'au lieu de faire 50 millions d'hectolitres de vin, la France en produisît 250 millions. Qu'arriverait-il ? Les vignerons, ainsi que le pense M. Valserre, encaisseraient-ils la somme de 2 milliards ? Il suffit, pour comprendre l'exagération évidente de cette assertion, de se rappeler que, lorsque la France a une récolte abondante en vin, les prix de ce liquide s'abaissent immédiatement en proportion de l'augmentation de la production. Or une récolte abondante ne donne qu'un tiers en sus environ d'une récolte moyenne. Supposez la production quintuplée, et les prix des vins s'abaisseront de telle façon, que les fabricants de vins (je n'ose pas dire les vignerons) n'obtiendront pas, à coup sûr, par la vente de leurs produits, une somme d'argent suffisante pour payer la moitié seulement du sucre qu'ils auront employé. N'en déplaise à MM. les chimistes, pour qui nous professons du reste la plus grande estime, la vigne fournira encore longtemps le moyen le plus économique de faire du sucre et par conséquent de l'alcool.

M. Belhomme, conservateur du Jardin des plantes de Metz, vient de donner quelques utiles renseignements sur la renouée de Siebold, nouvelle plante du genre *polygonum*, qui paraît appelée à un grand succès, car elle semble destinée, à cause de sa beauté, à devenir l'ornement des grands parcs, et elle peut, en outre, servir à l'alimentation comme légume d'un goût très-délicat.

« Cette plante gigantesque, de pleine terre, vivace, atteint une hauteur de deux mètres environ ; elle est, dit M. Belhomme, d'un port magnifique, à tiges maculées de points rougeâtres, dont les cimes se couvrent de fleurs blanches à l'automne.

» Comme culture, elle se plaît dans tous les sols secs ou humides (ces derniers de préférence) ; elle trace avec ses racines souterraines de manière à envahir une immense surface et vient à toute exposition.

» Quand le sol est fumé, la plante perd son acidité et donne des tiges énormes.

» Ses tiges poussent de très-bonne heure, plus tôt que l'asperge ; elles sont très-tendres, légèrement creuses entre les nœuds, de l'aspect et presque du goût de l'asperge, moins douces et plus agréables, surtout si l'on a le soin de les prendre avant le développement des feuilles, car plus on les laisse pousser, plus elles ont une saveur presque équivalente à l'oseille, c'est-à-dire qu'elles contiennent une certaine quantité d'acide oxalique.

» Cette plante peut se forcer comme l'asperge, et donne énormément plus qu'elle.

» Mangée à l'huile ou en sauce, c'est un très-bon légume, et qui peut remplacer avantageusement cette dernière.

» Comme les tiges sont un peu creuses entre les articulations, il est bon de ne pas les faire trop cuire, pour qu'elles soient plus présentables sur le plat.

» Les feuilles développées et cuites comme l'oseille sont identiquement du même goût qu'elle.»

Ce nouveau légume, d'après M. Belhomme, n'exige qu'un labour annuel pour tous frais de culture. Il est probable que cette plante, dont la végétation est très-luxuriante, pourrait fournir un bon fourrage vert, qui serait une précieuse ressource pour les animaux.

Cette plante se multiplie par éclat, et dès la première année de culture elle donne des produits; mais ce n'est qu'à la deuxième année qu'elle est en plein rapport. Chaque pied de rénouée fournit alors la valeur d'une forte botte de grosses asperges.

Il serait à désirer que la renouée de Siebold remplît toutes les conditions que nous venons d'énumérer; mais nous avons déjà vu paraître et disparaître tant de légumes nouveaux, que nous attendrons que le temps ait accordé à cette plante ses lettres de naturalisation avant de nous prononcer sur son mérite réel.

M. Alfred Billet, fabricant de sucre et distillateur à Marly (Nord), raconte, dans le *Moniteur vinicole*, que, désireux de se procurer un aréomètre exact qui le mît à l'abri de toutes contestations, il crut devoir s'adresser à MM. Collardeau et Ch. Chevalier, c'est-à-dire aux deux opticiens de France les plus renommés pour la fabrication des aréomètres de précision. Il priait ces habiles fabricants de lui fournir, à quelque prix que ce fût, deux pèse-sirops d'une exactitude parfaite. M. Collardeau lui envoya un pèse-sirop dont il garantissait l'exactitude à 1/400 près. M. Chevalier, de son côté, lui en fournit un autre qu'il regardait comme parfait, et il arriva, néanmoins, que, lorsqu'on eut essayé ces deux instruments dans le même liquide, on constata entre eux une différence d'*un degré*.

La viticulture, la distillerie et le commerce des liquides, se sont émus de cette importante communication de M. A. Billet, et nous espérons que notre gouvernement suivra la marche qui vient de lui être indiquée par un pays voisin, la Prusse, en établissant un densimètre étalon légal pour l'appréciation exacte du poids spécifique des sirops et des liquides spiritueux. Cette mesure est aujourd'hui d'une nécessité incontestable, à cause de nos nouvelles relations commerciales avec l'Angleterre, car, d'après le traité récemment conclu par la France avec ce pays, nos vins payent actuellement des droits d'entrée qui sont basés sur la contenance d'alcool de ces liquides. Une erreur d'un degré pourrait donc, dans bien des cas, occasionner au négociant qui expédierait des vins dans ce pays une surtaxe sur laquelle il ne comptait pas, et qui pourrait lui faire perdre tout le bénéfice de sa spéculation.

Pour que chacun de nos lecteurs se rende bien compte de l'utilité de l'établissement d'un étalon légal pour les aréomètres, nous allons faire connaître les graves inconvénients qui peuvent résulter de l'inexactitude de ces instruments.

Supposez, je vous prie, dit **M.** Billet, qu'un fabricant qui livre des mélasses à un distillateur en ait reconnu la densité à l'aide du pèse-Collardeau, qu'il s'est procuré en s'entourant de toutes les garanties d'exactitude possibles. Supposez que le distillateur vienne à son tour constater la densité, armé du pèse-Chevalier, qu'il s'est procuré dans les mêmes conditions ? Voilà une contestation. Qui décidera entre eux ? La justice. Mais que peut faire la justice, sinon les renvoyer devant un arbitre, lequel se présentera avec un troisième instrument provenant d'un troisième opticien, non moins faillible que les deux autres. Et, d'ailleurs, pour le distillateur qui reçoit chaque jour des mélasses, ce débat sera incessant. — Remarquez que le fabricant de sucre, qui ne vend ses mélasses qu'une fois l'an, a le loisir de se montrer plus tenace. C'est donc la plupart du temps le distillateur qui cédera, faisant ainsi l'abandon bénévole de 3 p. 0|0 par degré sur la valeur de la marchandise. Ce n'est pas insignifiant. Prenez pour exemple une distillerie importante, produisant vingt pipes par jour, et choisissez le moment où les mélasses sont à haut prix : 35 fr. les

100 kil. Chaque degré d'inexactitude du pèse-sirop coûtera à cette usine plus de 200,000 fr. par année. Cette perte pourra s'augmenter d'une semblable qui résulterait du même défaut de précision dans l'alcoomètre. Or ce n'est pas un degré de différence, c'est quelquefois plusieurs qu'il faut subir. Vous voyez, Monsieur, que la parfaite exactitude de ce petit objet, qui coûte 1 fr. 25 c., est, pour notre industrie, une question de vie ou de mort. Ce serait donc justice que l'Etat, qui a pris soin d'établir un diapason normal pour mettre nos orchestres d'accord, remît aux mains des vérificateurs des poids et mesures, tout aussi bien qu'un kilogramme et un mètre, un aréomètre qui eût également force de loi, et mît aussi nos instruments d'accord. Les aréomètres, qui ne sont autre chose que des poids et des mesures, ne pourraient-ils pas même être poinçonnés comme des poids et des mesures?

Il suffit que cette question ait été posée aussi nettement pour que nous soyons certain de la voir résolue. Notre gouvernement a trop à cœur les intérêts du commerce et de l'industrie pour ne pas faire droit à ses justes réclamations.

Les éducateurs de vers à soie ont chaque année à redouter pour leurs mûriers les funestes effets des gelées printannières. Qu'une matinée froide survienne lorsque les bourgeons commencent à s'épanouir, toutes les jeunes pousses sont aussitôt détruites. L'éducateur se voit alors réduit à la triste nécessité de sacrifier ses vers, faute de pouvoir leur fournir la nourriture qu'ils réclament.

Il serait possible d'éviter un pareil malheur, en ayant en réserve une provision de poudre de feuilles de mûrier. Les Chinois, qui sont nos maîtres en sériciculture, font usage de cette poudre, dont nous allons donner, d'après la *Revue d'économie rurale*, les deux modes de préparation.

1° On triture en automme les feuilles de mûrier avant qu'elles jaunissent, de manière à obtenir une sorte de pâte, que l'on fait sécher et que l'on renferme dans des caisses ou vases hermétiquement fermés, et que l'on met ensuite à l'abri de l'humidité;

2° On ramasse les feuilles de mûrier en automne, on les fait sécher et on les conserve dans des endroits à l'abri de l'humidité jusqu'au printemps; à cette époque, on réduit ces feuilles en poussière dans des mortiers, et on tamise cette poudre de manière à en éliminer les parties les plus grossières.

Cette poudre, ainsi préparée, est donnée aux jeunes vers, soit pure, soit mélangée avec de la farine de pois ou de riz mondés et décortiqués, ou autres substances.

Il paraît que plusieurs éducateurs en France, et entre autres M. Champoiseau, de Tours, ont fait usage de cette poudre pour la nourriture de leurs jeunes vers et se sont très-bien trouvés de son emploi. Leur exemple trouvera sans doute de nombreux imitateurs.

Ne serait-il pas possible, ainsi que l'espère l'auteur de l'article qui nous a fourni les détails qui précèdent, de tirer un parti avantageux de ce procédé de dessication et de pulvérisation des feuilles de certains arbres pour la nouriture des bestiaux ? En ramassant ces feuilles en automne, en les triturant et en les mêlant, une fois sèches, avec d'autres substances fourragères ou légumineuses, on pourrait facilement augmenter ses provisions de fourrage pour l'hiver et le printemps.

Maintenant que, grâce à l'intrépidité de nos braves soldats, la capitale du Céleste Empire est occupée par nos vaillantes troupes, il serait à désirer que le gouvernement français envoyât dans ces pays si peu connus quelque savant inspecteur d'agriculture, pour étudier les diverses pratiques agricoles en usage dans cette vaste contrée. On sait à quel degré de perfection sont déjà parvenus en Chine la sériciculture et la culture des jardins, et combien l'agriculture y est honorée, puisque le *fils du Ciel* lui-même ne dédaigne pas de se montrer à son peuple les mancherons de la charrue à la main. Il est donc probable qu'on aurait de grands avantages à connaître l'état de la science agricole chez les Chinois. Ce peuple, vaincu par la force de nos armes, est aujourd'hui à notre merci; on va sans doute exiger de lui de fortes sommes d'argent pour lui faire payer les frais de la guerre; mais n'est-il pas un autre genre de contribution auquel il serait utile de le soumettre? Que de procédés industriels, auxquels les Chinois ont recours depuis un temps immémorial, sont encore tout à fait inconnus à l'Europe, si fière pourtant de sa supériorité dans les sciences et dans les arts ! Ne pourrait-on pas profiter de la chance heureuse qui met actuellement la Chine à notre entière discrétion pour obtenir des industriels de ce pays la communication de tous leurs secrets. La connaissance exacte de certains procédés pourrait être pour la France une source de richesses nouvelles, qui vaudrait tout autant, à coup sûr, que les lingots d'or ou d'argent qu'elle rapportera dans ses vaisseaux.

16 décembre 1860.

TABLE ALPHABÉTIQUE

DES MATIÈRES

CONTENUES DANS LE DEUXIÈME FASCICULE

L

ERRATA

Page 45, ligne 3, au lieu de : *a été poursui* — lisez :
a été poursuivi.

Page 47, ligne 4, au lieu de : *M. Beldit* — lisez :
M. Baldy.

Page 50, ligne 11, au lieu de : *M. Baldit* — lisez :
M. Baldy.

Page 58, ligne 29, au lieu de : *examen peu approfondi* — lisez : *examen plus approfondi*.

9 782329 061573